天下文化
BELIEVE IN READING

科學文化　208B
Science Culture

費曼的 6 堂 Easy 相對論

Six Not-So-Easy Pieces

Einstein's Relativity, Symmetry, and Space-Time

by Richard P. Feynman

費曼 / 著　師明睿 / 譯　高涌泉 / 審訂

作者簡介
費曼

1918年，理查·費曼（Richard Phillips Feynman）誕生於紐約市布魯克林區。1942年，他從普林斯頓大學取得博士學位。第二次世界大戰期間，他在美國設於新墨西哥州的羅沙拉摩斯（Los Alamos）實驗室服務，參與研發原子彈的曼哈坦計畫（Manhattan Project），當時雖然年紀很輕，卻已是計畫中的要角。隨後，他任教於康乃爾大學以及加州理工學院。1965年，他以量子電動力學方面的成就，與朝永振一郎（Sin-Itiro Tomonaga, 1906-1979）、許溫格（Julian Schwinger, 1918-1994）二人共獲諾貝爾物理獎。

費曼博士獲得諾貝爾獎的原因是量子電動力學成功的解決了許多問題，他也創造了一個解釋液態氦超流體現象的數學理論。他然後跟葛爾曼（Murray Gell-Mann, 1929-，諾貝爾物理獎1969年得主）合作，研究弱交互作用，例如β衰變，做了許多奠基工作。費曼後來提出了在高能質子對撞過程的成子（parton）模型，成爲發展夸克（quark）模型的關鍵人物。

在這些重大成就之外，費曼將一些基本的新計算技術跟記號，引入了物理學，尤其是幾乎無所不在的「費曼圖」。在近代科學史上，費曼圖和任何其他理論形式相比，可能使人們思考以及計算基本物理過程的方式改變最劇。

費曼是一位非常出色的教育家，在他一生眾多的獎賞中，1972年所獲的厄司特教學獎章（Oersted Medal for Teaching）特別令他驕傲。《費曼物理學講義》這套書最初發行於

1963年，有位《科學美國人》雜誌的書評家稱該書「……眞是難啃，但是非常營養，風味絕佳。即使是已出版了二十五年，它仍是教師及最優秀入門學生的指南。」爲了增長一般民眾對於物理的瞭解，費曼博士寫了一本《物理之美》(*The Character of Physical Law*) 以及《量子電動力學——光與物質的奇異理論》(*Q.E.D.: The Strange Theory of Light and Matter*)。他還出版了一些專精的論著，成爲後來物理研究者與學生的標準參考書跟教科書。

費曼也是一位有功於公眾事務的人。他參與「挑戰者號」太空梭失事調查工作的事蹟，幾乎家喻戶曉，尤其是他當眾證明橡皮環不耐低溫的那一幕，是非常優雅的即席實驗示範，而他所使用的道具不過冰水一杯！比較鮮爲人知的例子，是費曼於1960年代初期在加州課程委員會的工作，他當時不滿的指出小學教科書之庸俗平凡。

僅僅重複敘說費曼一生中，於科學上與教育上的無數成就，並不足以說明他這個人的特色。正如任何讀過即便是他最技術性著作的人都知道，他的作品裡外都散發著他鮮活跟多采多姿的個性。在物理學家正務之餘，費曼也曾把時間花在修理收音機、開保險櫃、畫畫、跳舞、表演森巴鼓、甚至試圖翻譯馬雅古文明的象形文字上。他永遠對周圍的世界感到好奇，是一位一切都要積極嘗試的模範人物。

費曼於1988年2月15日在洛杉磯與世長辭。

譯者簡介

師明睿

普度大學生物化學博士。先後在衛生署預防醫學研究所、中研院生醫所及生農所籌備處從事研究，參與台灣疫苗政策評估規劃、日本腦炎新款疫苗研發，以及中草藥金線蓮藥理之動物研究，現任職於疾病管制局。暇時從事自由翻譯工作。

審訂者簡介

高涌泉

加州大學柏克萊分校物理博士。現任臺灣大學物理系教授，專長為場論與粒子物理，認為量子力學是最奇妙的學問。喜歡柏拉圖、達爾文、愛因斯坦、費曼、魯迅的作品，也喜歡看各式各樣的電影與棒球比賽。除了學術論文以外，著有《另一種鼓聲：科學筆記》、《武士與旅人：續科學筆記》。

費曼的6堂Easy相對論

目錄

出版緣起

《費曼的6堂Easy物理課》英文版自從1995年由珀修斯圖書公司（Perseus Books）推出以來，出乎意料的非常暢銷，並且引起了一般大眾、學生，乃至專家、學者的一片叫好聲，並且呼籲我們再接再厲，繼續出版一些費曼教授的書籍及錄音帶。於是我們再次去翻閱他的原著《費曼物理學講義》（*The Feynman Lectures on Physics*），以及回到加州理工學院的歷史檔案，去找找看是否還有其他類似的「Easy」講義。很遺憾的是，我們並沒有找到。但是我們卻找到許多「Not-So-Easy」的講義。

說這些講演沒那麼簡單，只是因為其中包括了一些數學式子。但是它們對剛剛入門、有志於從事科學工作的學生來說，並不太過艱深。而這次所選的六篇講義，保證都會使得有興趣翻閱此書的學生、甚至一般讀者，覺得跟前次那六篇一樣，教人一見如獲至寶，閱讀時廢寢忘食，讀後更是回味無窮。

《費曼的6堂Easy相對論》還有一個跟《費曼的6堂Easy物理課》不太一樣的地方，那就是《費曼的6堂Easy物理課》跨越了物理學的好幾個領域，從力學到熱力學再到原子物理。而你手裡捧著的這六篇講義，則是全部圍繞著同一個焦點主題。此主題曾經引起近代物理學史上許多最革命性的發現，以及一些完全出人意表的理論。諸如從黑洞（black hole）到蛀孔（worm hole）、從原子能到時間彎曲（time warp）等。我們所說的主題當然不是別的，正是相對論。不過依我們的淺見，即使偉大的相對論之父愛因斯坦先生本人，也似乎比不上這位來自大蘋果（紐約市）的費曼先生，能夠把愛因斯坦這套理論的內外精華、有啥妙用、以及所涉及的基本觀念，解釋得如此完美，直教人不得不擊節讚嘆。任何人只要讀過此書，或聆聽過英文版所附CD，就知道吾言之不謬矣。

珀修斯圖書公司特別在此向潘洛斯（Roger Penrose, 1931-）先生致意，謝謝他爲此書寫了一篇清新洞澈的導讀。另外我們要藉此向哈特菲德（Brian Hatfield）與派因斯（David Pines）兩位先生致謝，他們在講義的篩選方面不吝賜給了我們許多非常寶貴的意見。再就是在加州理工學院物理系以及院方歷史檔案室工作的同仁，尤其是古德斯坦（Judith Goodstein）博士，由於他們的熱心與協助，才使得本書得以順利出版。

■中文版編輯說明：

1. 本書《費曼的6堂Easy相對論》與姊妹作《費曼的6堂Easy物理課》都收錄了《費曼物理學講義》轉載來的兩篇序文。爲了維持這兩本衍生作品各自的連貫性，在中文版裡，轉載而來的兩篇序文皆放在書末附錄中，請見附錄一〈最偉大的教師〉及附錄二〈費曼序〉。

2. 《費曼物理學講義》英文版是一套三巨冊的巨著（中文版拆成十四冊），成書時間早於《物理之美》（*The Character of Physical Law*, 1965）。本書的六堂相對論，依序取自《費曼物理學講義》第I卷的第11章、第52章、第15章、第16章、第17章及第II卷的第42章，其中談「對稱」的課，部分內容與《物理之美》略有重疊。
3. 中文版的費曼照片，均購自 the Archives, California Institute of Technology（加州理工學院檔案），獲得授權使用。

導讀
費曼風格，無與倫比

潘洛斯

如果我們希望了解費曼爲何是偉大的教師，就必須先認識他是多麼了不起的科學家。

費曼無疑是二十世紀理論物理學家中的翹楚。他在該學術領域所做的貢獻，影響到整個領域的發展方向，造成了目前把量子理論（quantum theory）應用在最尖端研究上的大趨勢，也因而塑造出我們今天對物質世界的各種基本看法。膾炙人口的費曼路徑積分（path integrals）、費曼圖（Feynman diagram）、以及費曼定則（Feynman rule），已經成爲現代理論物理學家手中不可少的基本工具，也是他們把量子理論的各項定則應用到物理學各領域中（諸如電子、質子、光子之量子理論等等）時所必需。任何人若是想把量子理論的定則，拿去跟愛因斯坦狹義相對論（special relativity）的各項要求符合一致時，所需要的一套程序裡也同樣缺少不了費曼的方法。

雖然以上我所提到的這些觀念，沒有一樣是我們能夠輕易弄懂的，然而費曼獨創的解析方法，卻能讓它們看來遠爲清晰，並一掃以往使人極易掉進去的一些圈套。他在研究方面所具有的特殊成就才華，以及他之所以成爲傑出教師之間，實有密不可分的關係。費曼不世出的天分，使他能夠一刀切開蒙蔽著物理問題核心的障礙，使我們清楚看到深藏於問題底層的物理原理。

不過就一般人對費曼的印象來說，更讓人難以忘懷的是，他的滑稽動作、俚俗的笑話、整人的惡作劇。他一向不把權威放在眼裡，喜愛表演森巴鼓，且常愛跟一些女性糾纏，有的好像用情很深，有的卻似浮光掠影。他還喜歡光顧脫衣舞俱樂部。晚年的他突發奇想，試圖排除萬難跑到亞洲地理中心，去拜訪一個鮮爲世人知曉的小國唐努烏梁海。其他有關他的逸聞趣事，不勝枚舉。

很顯然，費曼是一位極端不平凡的智慧型人物，有著閃電般善於計算的頭腦。我們可以從他生前的廣泛興趣，包括擅長打開保險櫃、屢次智取安全人員、解讀馬雅古文字、以及在他自己本行學術上出類拔萃，獲得諾貝爾獎等等，完全得到證實。然而這一切卻仍不足以表達出費曼在其他物理學家與科學家心目中的崇高地位。他們一致認爲，費曼是二十世紀最有深度、最有創意的思想家之一。

百分百的天才，百分百的丑角

傑出的物理學家兼作家戴森（Freeman Dyson, 1924-），在費曼早年從事發展一連串極重要觀念的年代裡，與費曼共事過。數年前戴森在他的一本書《從愛神到大地之母》（*From Eros to Gaia*）中提到了費曼。1948年間，戴森尚在康乃爾大學念研究所，他寫給英國家中父母的家信內，特別談到了費曼，他說：「費曼是研究所裡一位年紀很輕的美國教授，半是天才，半是丑角。不過顯然是他的高亢活力影響到這兒的物理學家跟學生，大夥兒都因爲有他在而過得特別快樂。但是近日來我漸漸發現，他的內涵遠非表面上看起來那樣簡單……」

在戴森寄出了這封家書四十年之後，也就是費曼逝世的1988那年，戴森對人說如果能夠星移物換，又再回到當年的話，以他後來對費曼的了解，他會在家書中另加上這麼一段：「對費曼教授更恰當的描寫應該是這樣：他是百分百的天才，百分百的丑角。他內心的過人才智，與外在的嘻笑胡鬧，絕不是人格分裂後展現的兩個不相干部分……他的思想跟搞笑，根本就是一體的兩面。」

戴森說的眞是一點也不錯，費曼在課堂講課的時候，所表現出來的機智都非常即興自然，一點也不牽強做作。而且大多不是泛泛等閒可以模仿出來的，因此給人的印象非常深刻。費曼利用這種別開生面的表達功夫，牢牢抓住了聽眾的注意力。然而他卻從不會因此扯離講演的主題。費曼始終如一，整堂課都努力不懈的傳授他對物理學的眞知灼見。原來他是在笑鬧聲中，讓聽眾把心情放鬆下來，才不至於心弦緊繃，深恐會面對難以掌握的數學表述及物理概念，而把自己嚇得失去理性常態。

我們應該了解，雖然費曼確實喜歡上講台作秀，喜歡成爲大眾注意的焦點，而且他也的確是一位上乘的演員，但表演並非他講演的終極目的。他上台作秀的眞正原因，不過是希望把自己對於基本物理觀念的通盤理解，以及適切用來表達這些觀念的數學工具，傳授給台下聽眾而已。

單刀直入，畫龍點睛

雖然搞笑似乎是費曼能夠掌握聽眾注意力的最大關鍵，但是他之所以能很成功的傳授那些知識，還有更爲重要的一點，就是他的講解方式非常直截了當。

事實上確乎如此，費曼似乎有某種非凡的能耐，凡事都能夠一針見血，絕不浪費時間跟人兜圈子胡纏。他認爲那些空洞、玄奧、不切實際的哲學解釋，根本就是無聊、沒水準。甚至他對數學的態度也相去不遠。他最不能忍受一些專門喜歡吹毛求疵、苛求數學上正確無誤的人。但是他對於自己需要使用到的數學，必定會研究得精闢透徹，能夠解說得頭頭是道。

費曼還有一項特質，就是從不人云亦云，依賴別人判斷。凡是他名下的東西，都必須經過他自己獨立審愼思考之後，才會定案放行。也唯其如此，才使得他的研究工作或教書時所使用的方式，經常獨樹一幟，與以往或旁人所用者皆不相同。而且我們發現，凡是費曼與別人所使用的方式有相當大的出入時，我們大致上都可以確定，只要遵照費曼的方式，必然會使得你事半功倍、大有斬獲。

費曼偏愛用言詞與人溝通，所以他不輕易、也不經常撥冗寫文章發表。在他不得不寫出來的學術論文裡面，雖然也透露出「費曼特質」，但多少總教人讀後有些意猶未盡的感覺。而只有在他上了講堂時，才能夠把他的天才發揮得淋漓盡致。他那部膾炙人口的《費曼物理學講義》，基本上就是他課堂上的講稿，經過兩位同事雷頓（Robert B. Leighton）和山德士（Matthew Sands）事後整理編輯而成。在這套書的字裡行間，讀者猶可感受到費曼當年在課堂上唱作俱佳的音容笑貌。

這本《費曼的6堂Easy相對論》都是從那套書裡選出來的。不過就事論事，純就這本書來說，仍然拘限於轉換成了文字的不得已，無法全盤烘托出課堂上的氣氛來。我以爲，讀者若是想更完整的領略到費曼當年在課堂上所散發出來的奪人氣勢，就必須坐下來，聽一聽費曼的現場原音再現。在我們聆聽之際，頓時會發現費曼語氣中的一切直率、不恭，以及攙雜其中的幽默調侃，都是順理成章的，值得大聲喝采。

我們這回實在是很有福氣，本書英文版還附上了所選六篇演講的錄音，因此你只要買了書，可以馬上試試CD，就知道我所說的一點不假。我甚至要在此大力推薦各位在閱讀此書之前，至少得先聽幾段錄音。因爲一旦我們領教過費曼鏗鏘有力、震懾全場、機智詼諧的語調，配上他那道地的紐約市井口音，就再也難以忘懷。隨後閱讀書中文字時，他的聲音會自然而然的隨著我們的目光，在我們腦海中響起。

其實不管我們是否接著閱讀本書，從CD中我們已經分享到正值盛年的費曼，在努力發掘一些支配我們這個宇宙一切自然現象的不凡定律時，所感受的強大震撼力量。

且聽費曼如何詮釋相對論

這本《費曼的6堂Easy相對論》也是經過精挑細選的，程度上略高於1995年亦由珀修斯圖書公司印行的《費曼的6堂Easy物理課》。尤爲甚者，這六篇講義互相配合得非常錯落有致、相得益彰，集合起來便成爲對當代理論物理最重要領域的一套精采詮釋。

此領域非其他，正是相對論。它的正式歷史還很短，遲至二十世紀初年才突然闖進人類思維。如今一般人的觀念裡，只要提到相對論，腦海中出現的第一印象不外愛因斯坦（Albert Einstein, 1879-1955）這個名字，兩者直如焦孟，關係牢不可破。

不錯，的確是愛因斯坦在1905那年首先明確且具體的發表了這個偉大的原理，從此替物理學研究開闢出另外一片天地。但是實際上，相對論整體觀念的形成不能只歸功於愛因斯坦一人。在他之前，已有許多物理學家對此貢獻良多，其中又以勞侖茲（Hendrik Antoon Lorentz, 1853-1928）與龐卡赫（Henri Poincaré, 1854-1912）兩人最爲知名。在愛因斯坦發表相對論之前，他們已經弄清楚了這個當時猶在襁褓中的物理領域裡，絕大部分的基本觀念。

除此之外，早於愛因斯坦出生之前數世紀，偉大的科學家伽利略（Galileo Galilei, 1564-1642）與牛頓（Isaac Newton, 1642-1727）兩人，在發展他們動力學理論的年代，就曾特地指出：一位等速運動中的觀測者，跟另一位靜止不動的觀測者，兩人所察覺到的物理現象應當完全相同。

這項觀點被世人無異議接受了數世紀之久，終於碰上了一個棘手的關鍵問題。那就是在1865年，英國物理學家馬克士威（James Clerk Maxwell, 1831-1879）發表他所發現的一些左右電磁場運作的方程式。由於光也是電磁現象的一種，因而這些方程式也規範著光的傳播。依據馬克士威方程，光速是一個定值。而人們又意外發現，不論朝哪個方向測量光速，實際結果都是無分軒輊。若援引古典力學的想法，此事實唯應在觀測者保持靜止不動時才會發生，而不該同樣發生在觀測者朝某方向做等速運動的情況下。

勞侖茲、龐卡赫和愛因斯坦等人所揭櫫的相對性原理，雖然本質上跟伽利略與牛頓的古典相對性原理不同，但同樣暗示：一位等速運動中的觀測者，跟另一位靜止不動的觀測者，兩人所察覺到的物理現象確實完全相同。

然而，對新的相對論來說，馬克士威方程與該原理能夠並行不悖。而光速在任何情況下，量來量去都永遠是同一個定值，無論方向也好、觀測者本身的運動速率也罷，怎麼樣折騰都不產生影響，都與光速沒有關係！

這中間原本看來似乎山窮水盡疑無路的矛盾難題，如何竟然柳暗花明又一村，被物理學家奇蹟似的擺平了？且讓我們聽聽無人可以模仿得了的費曼教授的精采詮釋吧！

戲說對稱

相對論大概是你我頭一遭，開始感覺到對稱（symmetry）這個數學觀念中的物理力量。對稱這個字眼大家都不陌生，比較陌生的是，如何能夠依據一組數學式來應用這個觀念？而這正好就是我們把狹義相對論的原理轉換成一套方程式所需要使用的辦法。

爲了不牴觸相對性原理，也就是要讓靜止不動的觀測者與等速運動中的觀測者所見到的物理現象完全一致，必須有一種所謂「對稱變換」（symmetry transformation），才能把其中一位觀測者所測量到的數據，轉譯成另一位觀測者的數據。之所以稱為「對稱」，是基於兩位觀測者所看到的物理現象完全相同。對稱的定義本來就是指：一樣東西能從兩個相反的角度去看，外觀完全相同。

費曼處理這類抽象事物的法門非常踏實，加上他灌輸觀念的獨特技巧，使得沒有特殊數學底子或是不擅長抽象思考的人，也能了解箇中道理之巧妙。

雖然相對論帶領我們找出來許多以往未曾為人知曉的對稱，一些更新近的物理學發展卻告訴我們，某些原來認為是放諸宇宙皆準的對稱，事實上恰巧異乎尋常。就像1957年李政道、楊振寧和吳健雄三人向世人證明的一樣，他們的發現，一時之間造成了物理學界極大的震撼。大家方才意識到，在某些基本物理過程裡，滿足某一物理系統的定律，跟那些滿足該系統之鏡像反射的定律，並不一定非相同不可。

事實上，當年在這種不對稱性發現過後，為了能夠解釋這不對稱現象，需要發展出一套嶄新的物理理論，費曼就曾參與其事。因此他對此事的說明，特別顯得戲劇化，他讓一層層深不可測的自然奧祕漸次浮現出來。

善用向量微積分

跟隨著物理學的長足進展，各式各樣的數學表述也相繼出現，原因是人們需要它們來表達新的物理定律。如果這些數學工具有幸遇到高手，被人很有技巧的適當調整過，而能夠把它的表達效果發揮到極致，它就能使原本晦暗、錯綜複雜的物理現象看起來豁然開朗，變得特別簡單而容易理解。

向量微積分（vector calculus）就是一個非常好的例子。三維空間的向量微積分，原本是人們發展出來、用來處理尋常空間物理問題的工具。它在表達許多沒什麼特殊空間方向偏好的物理定律方面（諸如牛頓定律等）非常實用。換句話說，這類物理定律對於空間中的一般旋轉運作，具有對稱性。

費曼能使他的聽眾深切了解到向量記號的威力，以及如何用向量來表達這些定律底下蘊藏的觀念。

不過相對論告訴我們，這些對稱變換應該把時間也一併包含在內，因而我們必須要有一套四維的向量微積分，才能有效運算。費曼在講演中，也把這套數學方法介紹給我們，原因是它提供了相對論的詮釋之路。向量微積分不只是告訴我們，時間與空間必須視爲同一個四維時空結構中的各種面向，同樣的，能量與動量在相對論性的架構中，也必須視爲一體的兩面。

在物理學上，我們應該以一個四維時空的角度來看待宇宙的歷史，而不是我們以往所認爲的，一個隨著時光變遷的三維空間。這個新觀念其實就是現代物理學的基礎。不過這個觀念的重要性，確實是叫人非常難以理解。當年愛因斯坦首次遇到別人提及它時，就相當不以爲然。

介紹廣義相對論最是精采

一般人心目中，時常錯把愛因斯坦當成時空觀念的始作俑者，事實上並非如此。最早主張這個觀念的是愛因斯坦在蘇黎世技術學院念書時的師長，原籍俄國的德國幾何學家閔考斯基（Hermann Minkowski, 1864-1909）。正式提出的時間是1908年，比龐卡赫和愛因斯坦提出狹義相對論的時間，晚上了幾年。

閔考斯基在一場著名的講演裡說：「從今以後，獨立空間與獨立時間，注定會逐漸銷聲匿跡，將來只會有一個空間與時間統合起來的東西，成為並保持為單獨實體。」閔考斯基的這番預言原載於一本1923年的書中，後來論文被人選出重印，與愛因斯坦、勞侖茲、魏爾（Hermann Weyl, 1885-1955）的論文合輯成《相對論原理》（*The Principle of Relativity*）一書。

費曼一生最具影響力的科學發現，也就是我在前面提到的，是從他對量子力學自創的一套時空解析方法中參悟出來的。時空對費曼一生的學術研究，以及對整個近代物理來說，無疑都是極端重要的。也因此，費曼在講演中不遺餘力，大力推銷時空觀念，再三強調它們的物理重要性，也就不足為奇了。相對論並非空洞、虛構的哲學，而時空亦非僅止於數學表述而已，它的確是你我所生活的這個浩瀚宇宙中，一樣最基本的成分。

當愛因斯坦克服了他開始時的排斥心態，習慣了時空觀念之後，他把這項觀念全無保留的納入了自己的思維，於是時空觀念成了他後來把狹義相對論（等於由勞侖茲、龐卡赫與愛因斯坦合創）推廣成一般人所謂的廣義相對論（general relativity）時，所不可或缺的一部分。在愛因斯坦的廣義相對論裡，時空變成彎曲的，不再是平直的，而且他還能夠把重力現象一起併入這種彎曲時空之中。

顯然這是一些非常難以了解的觀念。在這本書的最後一講裡，費曼並沒有試圖搬出一整套用以呈現愛因斯坦理論全貌的數學表述來，他所給的是一種非常戲劇化的描述，並精心穿插一些引人注意的比擬，目的就是讓聽眾能夠避重就輕，弄懂理論中主要的觀念。

在所有的講演中，費曼特別注重保持詞意的正確性。每當他所作的簡化或所用的比擬有可能被誤會，甚或有誤導成錯誤結論的危險時，他幾乎總是設法把所說的詞句加上一些限制與修飾。

就此而言，我倒是覺得他在簡化描述廣義相對論、講解愛因斯坦場方程式時，省略了一些該有的修飾。因爲在愛因斯坦的理論裡，重力的來源，即所謂「有功」（active）質量，並不僅只跟能量相同（由愛因斯坦的方程式 $E = mc^2$ 得來）。換言之，此重力應該來自能量密度（energy density）加上所有力之和，而後者即是重力的向內加速度的源頭。我認爲只要加上這一點修飾之後，費曼的描述就可以稱得上無懈可擊，是對這個物理學中最美麗且最能獨當一面的理論的一篇最佳介紹。

授業風範，無人能及

雖然費曼毫不保留的指明，他的講演對象是有心成爲物理學家或已經走向物理職涯的學子。但是對其他從沒有想到要變成物理學家的人，一樣也能從他的這些講演中受益。

費曼一生深信不疑（而我亦心有戚戚焉），依照現代物理學中已知的基本原理，把有關我們這個宇宙的知識傳授給一般大眾，遠較照本宣科的教書生涯重要得太多，且讓人更有成就感。甚至於在他的晚年，參加「挑戰者號」太空梭失事調查工作時，他在全國聯播的電視節目上，匠心獨運的證明給大家看，那場失事的原因並不撲朔迷離、莫測高深，而且說出來即使一般老百姓都可以了解。他在鏡頭前當場示範了一個既簡單又令人心服的實驗，說明了太空梭上的橡皮環遇冷變脆的情形。

表面上的他，無疑是一位傑出演員，有些時候甚至客串小丑。但是大方向上，他的目的永遠是嚴肅的。而哪兒還有比深一層了解我們宇宙間的自然現象，更爲嚴肅的目的呢？在傳授這項知識的成就上，無人能及費曼！

編注：本文作者潘洛斯（Sir Roger Penrose, 1931-）爲英國牛津大學數學教授，相對論及量子力學專家，1988年與霍金（Stephen Hawking）同獲物理學界著名的沃爾夫獎（Wolf Prize）。潘洛斯也是認知科學專家、知名的科普作家，著有《*The Emperor's New Mind*》、《*Shadows of the Mind*》等書。

第1堂課

向量

它到了任何座標系裡，

仍然代表一組三個定律方程式，

因為只要是向量方程式，

就意味著

等式兩邊的各個分量都會各自相等。

1-1 物理學中的對稱

這一章我們介紹的主題，物理專業上稱爲**物理定律的對稱性**。這兒所使用的「對稱」一詞，有特殊的意義，因而需要先下個定義。

東西在什麼情況算是對稱的呢？我們又如何定義對稱？如果一幅圖畫是對稱的，意思就是該圖畫的一邊跟它的另一邊有相同之處。魏爾（Hermann Weyl, 1885-1955）教授先前曾經如此定義對稱：如果東西經過了某種運作（operation）之後，看起來跟原來完全一模一樣，這東西就是對稱的。比方說，一個左側跟右側對稱的花瓶，以它的垂直中線爲軸，把它轉了180度之後，看起來就跟沒轉動之前一模一樣。魏爾的定義較爲廣泛，我們就用這個定義來討論物理定律的對稱性。

假想我們在某處建造了一部很複雜的機器，其中有錯綜的交互作用，許多球體彼此有作用力，各處撞來撞去等等。然後我們到另一個地方建造了一部完全同樣的機器，每個零件的尺寸大小、擺設的方位，都跟前面那台機器完全一模一樣。兩台機器之間的唯一不同只是側向位移了某個距離而已。我們在同樣的起始情況下同時發動它們。然後我們要問：這兩部機器啓動之後的所作所爲，是否完全一樣？它們的每個動作，是否都會相同且相互完全平行呢？

當然，答案非常可能是**不會**。因爲如果我們選錯地方把機器建在牆壁裡面，牆壁對機器的障礙會使它無法運轉。

我們在物理學上的所有觀念，在運用時需要一些常識判斷；它們並不全然是純粹數學或抽象念頭。當我們說「把機器搬到新位置，一切現象都不變」，我們必須先瞭解這句話究竟是什麼意思。我們是指：把所有我們認為有關的統統都搬了過去。如果搬遷後狀況並非依舊，表示可能有某樣有關的東西沒搬過去，於是我們去找。如果遍尋不著，那麼我們可以宣稱，物理定律沒有這種對稱性。

另一方面，如果物理定律確實具有這種對稱性，我們認眞去找，應該就會找出原因來。就如前面的例子，我們四處檢查，發現原來是牆壁擋住了機器的運轉。最根本的問題是，如果我們把每件事物定義得夠精確，如果一切主要作用力都給包含在機器裡面，如果機器的重要零件都搬了過去：那些定律是否仍然依舊？機器會不會按同樣方式運轉？

不消說，我們要做的，只是把機器本身跟主要影響因素移動位置，而非將世上的**每樣東西**——天上的行星、恆星等等——都給搬了過去。如果眞是那樣，我們當然會得到同樣的現象，因為跟留在原地沒有兩樣。所以我們不能**每樣東西**都搬動。

實際運作時，只要稍微用點腦筋想想該搬什麼，機器就不至於停擺。換句話說，只要我們別把它移到牆裡面，只要我們弄清楚外在力量的來源，安排把這些也搬過去，則這機器到任何地方**都會**照樣運轉。

1-2 平 移

我們對力學已有足夠知識，以下分析將限於力學。我們從前面章節已經知道，對每一個粒子來說，力學定律能夠歸納成以下三個方程式：

$$m(d^2x/dt^2) = F_x, \quad m(d^2y/dt^2) = F_y, \quad m(d^2z/dt^2) = F_z \quad (1.1)$$

這表示有一套現成辦法來**測量**粒子在三個互相垂直的座標軸上的位置x、y、z，以及沿著這三個方向的力，使以上定律成立。但是位置必須從某個原點（origin）開始測量，那麼**我們該把這個原點放在哪兒呢**？

牛頓力學首先告訴我們，**總有**某個地方可拿來當原點，使這些定律全都成立。宇宙的中心總可以罷！但是我們馬上可以證明，根本沒有辦法找到所謂的宇宙中心，因爲不管我們換到空間哪一個點來當原點，都毫無差異。

換句話說，假定有老喬跟老莫兩位人士，各有自己的座標系，相互平行，有不同的原點（見圖1-1）。當老喬測量空間某一定點的位置，得到的數據是x、y、z（通常我們不把z畫出來，免得搞糊塗）。老莫測量同一點的座標，爲了區分，標示成x'、y'、z'。x'跟老喬的x不一樣，其間有個差距a，原則上，y'可以跟y不同，但本例中兩者數值相同：

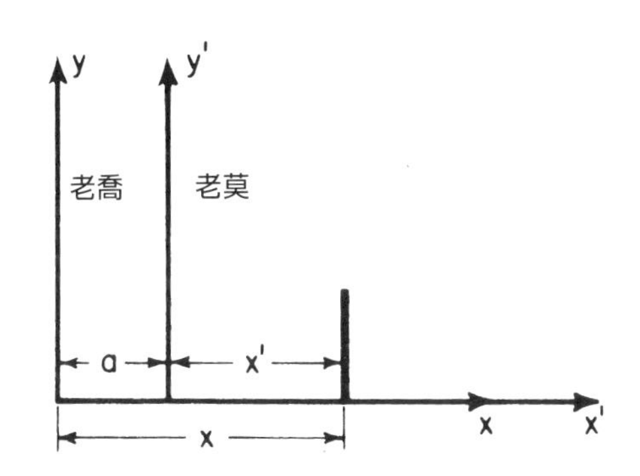

圖1-1　兩個平行的座標系

$$x' = x - a, \qquad y' = y, \qquad z' = z \tag{1.2}$$

為了作完整分析，我們必須知道，老喬跟老莫測量到的力又各會如何？我們知道力都有方向，可以拆開成為x、y、z三個方向上的分力。等於該力原來的大小乘以「該力之方向與該座標軸之間夾角的餘弦」。由於兩個座標系平行，力在三個座標軸的投影（夾角）都相同，因而我們得到一組方程式：

$$F_{x'} = F_x, \qquad F_{y'} = F_y, \qquad F_{z'} = F_z \tag{1.3}$$

而這些就是老喬跟老莫各自看到的三個分力的彼此關係。

問題是，如果老喬已經知道牛頓定律，而老莫在他的座標系中嘗試把牛頓定律寫下來，是否依然正確呢？這些定律會因為選擇不同的測量原點而有所不同嗎？

換句話說，如果(1.1)式都正確，而且(1.2)式與(1.3)式界定了兩套測量值之間的關係，那麼下面這組方程式是否成立？

$$
\begin{aligned}
&\text{(a)} \quad m(d^2x'/dt^2) = F_{x'} \\
&\text{(b)} \quad m(d^2y'/dt^2) = F_{y'} \\
&\text{(c)} \quad m(d^2z'/dt^2) = F_{z'}
\end{aligned}
\qquad (1.4)
$$

為了測試這幾個方程式，我們得把x'的式子微分兩次，首先是

$$\frac{dx'}{dt} = \frac{d}{dt}(x - a) = \frac{dx}{dt} - \frac{da}{dt}$$

此處我們得假設，老莫的原點對老喬的座標系來說，是固定不動的，因而兩原點之間的距離a是常數，也就是$da/dt = 0$，我們得到

$$dx'/dt = dx/dt'$$

因此

$$d^2x'/dt^2 = d^2x/dt^2$$

如此一來，(1.4a)式就變成了

$$m(d^2x/dt^2) = F_{x'}$$

（此處我們還得假定，老喬跟老莫兩人所測量到的質量相同。）因此，兩個座標系中，質量與加速度的乘積相同。我們把它代入(1.1)式，就可得到

$$F_{x'} = F_x$$

所以，老莫觀察到的牛頓定律跟老喬的絲毫沒有差別。雖然老莫的座標系不同，牛頓定律仍然成立。這意味著，不論我們從何處觀測，定律看起來都完全一樣。因此我們無法用唯一的方式去定義出世界的原點。以下敘述也會成立：如果某個地方有部儀器裡面有某種機件。這部儀器搬到另個地方，運作方式仍然相同。爲什麼呢？因爲我們把同一部儀器，分別交由老喬跟老莫兩人來分析，則裡面牽涉到的所有方程式，在兩人眼裡都完全一樣。**方程式**既然相同，表現出來的**現象**也就一致。

所以說，去證明一部儀器在搬家前後功能不變，跟去證明一些方程式在空間中位移前後不變，是同樣的一個道理。因此，我們說**物理定律在平移之下是對稱的**。這裡所謂的對稱，所指的是物理定律不會因爲座標系的平移而有所不同。當然我們光憑直覺，老早就知道是這個樣子！但是我們探討它的數學也滿新鮮有趣。

1-3　旋轉

上面我們討論的，只是「物理定律的對稱性」這一系列命題的開場白，往後會愈來愈複雜。下一個命題是，不管我們怎麼選擇軸的**方向**，結果都會一樣。換句話說，如果我們在某處建造了一台儀器，看它如何運轉之後，在旁邊又建造了一台同樣的儀器，但是兩台儀器間有了一個角度，第二台儀器是否也以同樣方式運轉呢？如果是一座舊式有鐘擺的時鐘，顯然就不會！原因是擺鐘直立的時候，才會正常運轉。若是擺鐘傾斜了，則鐘擺會碰到鐘盒，就會停擺。因此以上的理論對於擺鐘來說不成立，除非把地球也納入考慮，因為地球對鐘擺有拉力。

所以如果我們相信物理定律對於旋轉（rotation）有對稱性，我們就可以對於擺鐘做以下的預測：一個擺鐘的運作除了得依賴內部機械之外，還必然牽涉到外在因素，我們應該去找出這些外在因素。我們也可以預測，如果擺鐘與這個造成不對稱的神祕因素（很可能就是地球）的相對位置有了變化，擺鐘的運轉就會前後不同。

沒錯，我們知道，這種時鐘放到人造衛星上，鐘擺就不會擺動了，因為失重。到了火星上，它的擺動速率會跟在地球上不同。所以擺鐘的運作除了和內部機件有關之外，**的確**還牽涉到某種外在因素。一旦發現了這項因素，我們就明白如果我們轉動了擺鐘，我們也必須轉動地球，結果才會一樣。當然我們不必傷腦筋如何轉動地球，只消等一會兒，地球就會自己轉過來，那麼擺鐘就會在新的位置和以前一樣的開始滴答走動了。

隨著地球旋轉，當然我們的角度不斷在變。然而我們不以為意，因為不論地點新舊，一切似乎如常。這點容易令人困惑，因為在旋轉前和旋轉後，物理定律都一樣，這點是成立的；但是，當我們**正在旋轉**一件東西的時候，它所遵循的定律和它不在旋轉時所遵循的定律，並**不會**相同。如果測量夠精準，我們就知道地球**一直在轉動中**，而不是轉動過後又停了下來。換句話說，我們測不到地球的絕對角度，但是知道角度不斷在變。

現在我們可以討論角度取向對物理定律有什麼影響。我們再用老喬跟老莫的例子看看是否能得到同樣的結果。這回爲了避免不必要的困擾，我們可假設老喬跟老莫選用了同一原點（因爲前面我們已經證明過，原點平移之後不會造成差異）。我們再假設老莫的座標軸跟老喬的座標軸之間相差一個角度θ，如同圖1-2就只有x與y二維空間而已。考慮任一點P，它的位置在老喬的座標系中是(x, y)，而在老莫的座標系中則是(x', y')。如同以前一樣，把x'跟y'分別變換成以x、y與θ代表的函數。做法是先從P點分別向四座標軸畫四條垂線，再畫一條直線AB，與PQ垂直。

可以看出x'可寫成x'軸上兩段長度之和，而y'則可寫成是在AB線上兩段長度之差。在(1.5)式裡，這幾條線段都可分別用x、y與θ來表示。另外再加上一個z軸方向的式子。

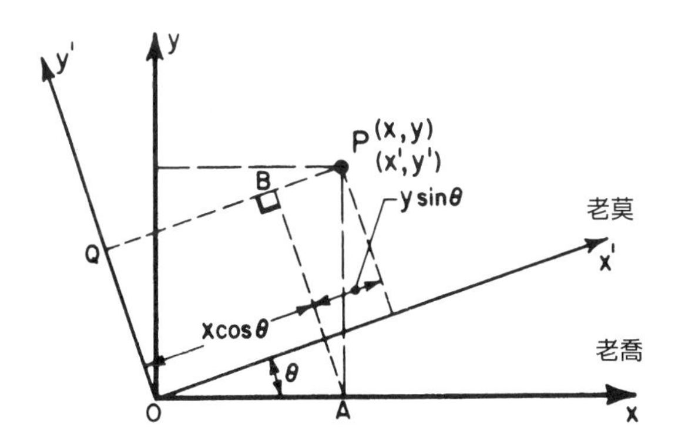

圖1-2　角度取向不同的兩個座標系

$$
\begin{aligned}
x' &= x\cos\theta + y\sin\theta \\
y' &= y\cos\theta - x\sin\theta \qquad (1.5) \\
z' &= z
\end{aligned}
$$

接下來的步驟是依照同樣的老方法，去分析兩位觀測者所看到的力彼此有何關係。先假定有個力F，已經解析成為兩個分量F_x與F_y（由老喬所見）。此力作用在質量為m的粒子上，位置是在圖1-2的P點上，我們平移座標軸，把P設為原點，如圖1-3所示。

老莫所看到F的分量分別是$F_{x'}$與$F_{y'}$。F_x在x'軸與y'軸上都有分量，F_y也是一樣。如果我們要以F_x與F_y去表示$F_{x'}$，我們可以把沿著x'軸的分量加起來。我們也可以用同樣的方式以F_x與F_y去表示$F_{y'}$，得到的結果就是

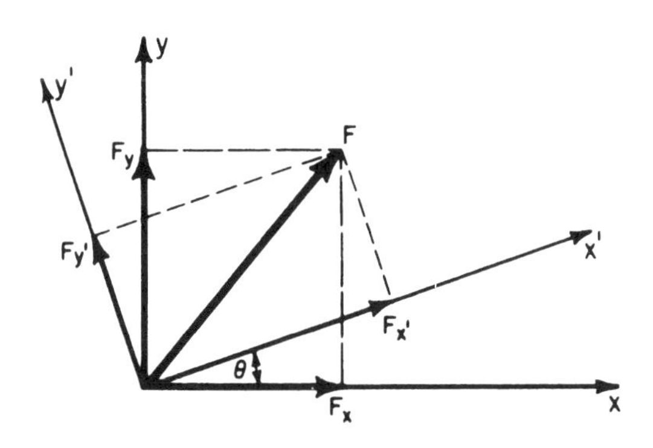

圖1-3　兩個座標系中同一力的分量

$$
\begin{aligned}
F_{x'} &= F_x \cos\theta + F_y \sin\theta \\
F_{y'} &= F_y \cos\theta - F_x \sin\theta \\
F_{z'} &= F_z
\end{aligned}
\tag{1.6}
$$

此處我們注意到一個有趣的意外，而且極端重要。那就是(1.5)跟(1.6)兩組方程式，雖然分別是P點座標變換與力F的分量變換，但**兩者的形式完全一樣**。

假定牛頓定律跟先前一樣，在老喬的座標系中成立，可由同樣的(1.1)式來代表。然後我們要問，在老莫的轉了一個角度的座標系中，牛頓定律是否依然屬實？換句話說，如果我們同意(1.5)式與(1.6)式確是兩個座標系測量值之間的換算關係，那麼以下這組方程式是否也一併成立？

$$
\begin{aligned}
m(d^2x'/dt^2) &= F_{x'} \\
m(d^2y'/dt^2) &= F_{y'} \\
m(d^2z'/dt^2) &= F_{z'}
\end{aligned}
\tag{1.7}
$$

爲了測試這些方程式，我們可以分別計算等號的左右兩邊，然後比較兩邊的結果。讓我們先處理左手邊，把(1.5)式兩邊同乘以m，再對時間微分兩次，其間我們假設θ是爲定值，於是

$$
\begin{aligned}
m(d^2x'/dt^2) &= m(d^2x/dt^2)\cos\theta + m(d^2y/dt^2)\sin\theta \\
m(d^2y'/dt^2) &= m(d^2y/dt^2)\cos\theta - m(d^2x/dt^2)\sin\theta \\
m(d^2z'/dt^2) &= m(d^2z/dt^2)
\end{aligned}
\tag{1.8}
$$

其次我們處理(1.7)式的右手邊，把(1.1)式代入(1.6)式，於是

$$\begin{aligned} F_{x'} &= m(d^2x/dt^2)\cos\theta + m(d^2y/dt^2)\sin\theta \\ F_{y'} &= m(d^2y/dt^2)\cos\theta - m(d^2x/dt^2)\sin\theta \\ F_{z'} &= m(d^2z/dt^2) \end{aligned} \tag{1.9}$$

你看！(1.8)式跟(1.9)式的右手邊完全相同。所以結論是，若牛頓定律在一座標系成立的話，在另一座標系一樣能成立。

這個結論，針對座標軸的平移跟旋轉已經證實成立了，有以下影響：第一，沒有人能說他的座標系是獨一無二的，當然有時候某一座標軸的選擇更**容易**解決某些問題。比方說，重力的方向與某座標軸平行比較方便，然而並不是物理上非如此不可。第二，這結論也告訴我們，任何一個完全自足、不假外求的機器，只要產生各種力的設備都在，旋轉了一個角度之後，運作方式不變。

1-4 向 量

其實不僅牛頓定律，就我們今天所知，所有其他物理定律也都具有這兩種不變性質（所謂對稱性），不受座標軸平移與座標軸旋轉的影響。這兩個性質如此重要，科學家甚至發展出一套數學技巧來描述與使用物理定律，以充分運用這兩種對稱性。

我們前幾節所做的分析用到很麻煩的數學運算。爲了減少分析此類問題的瑣碎細節，科學家設計了一套非常有用的數學機制。這套系統稱做**向量分析**（vector analysis），而本章的標題即源自於此。

不過嚴格說來，本章的重點其實是物理定律的對稱性。我們先前的分析方法得到了所企盼的結果。但是實務上我們希望能做得更容易、更快速些，因此我們要使用向量技巧。

一開始我們就注意到，物理學上有兩種很重要的量（其實不只兩種，我們姑且先從這兩種開始），各有其特殊性質。

其中一種有如袋子裡面洋芋的數目，我們稱之爲普通量、無方向的量、或**純量**。溫度也是這種純量的例子。另外一種物理量則具有方向性，譬如說，速度：我們不但要知道他的速率有多快，還得隨時留意他往哪個方向跑。動量與力都有方向性，位移也不例外。某人從某一地走向另一地時，我們可以只測量出他走了多遠。不過如果我們要知道他去了**哪裡**，就一定得指出方向來。

一切具有方向的量，例如在空間中位移了一步，我們都稱之爲**向量**。

一個向量有三個數字來表達。爲了代表從原點跨出了一步，走到位於(x, y, z)的某一特殊定點P，我們得用三個數字，但是人們發明了一個單一的數學符號$\mathbf{r}$，來代表這個量。*

這個符號**不是**單一個數字，而是代表了x、y、z**三個**數字。雖說是三個數字，卻不限定於**那**三個數字，因爲一旦我們改用另一套座標系，就成了x'、y'、z'另外三個數字。

*原注：這跟我們以往用過的數學符號都不一樣，在印刷品裡面，我們用粗體字來代表，手寫時則在符號上方劃上一根橫向的箭頭，如$\overrightarrow{r}$。

不過爲了保持數學簡單，我們用**同一個符號r**來代表這兩組不一樣的數字。也就是說，在用原來那個座標系的時候，它代表的是(x, y, z)，換用另一個座標系時，它代表的數字就成了(x', y', z')。這樣做的優點是，當我們改用另一個座標系時，就無須更改方程式裡面的任何字母或符號。如果我們在某一座標系用x、y、z寫下的方程式，到了另一座標系就要改成x'、y'、z'的方程式。現在只要用**r**來表示即可，因爲它在某一座標系中代表了(x, y, z)，到了另一座標系就代表(x', y', z')，以此類推。

在既定的座標系中，這一組三個數字稱爲這個向量在三個座標軸方向的**分量**。綜上所述，我們是用同一個符號來代表**同一物體**，只是在不同座標系的**不同座標軸**上讀到的數值不同而已。之所以能說它是「同一物體」，表示物理直覺裡，空間中挪動一下本就是件事實，跟我們測量到的分量各多少無關。所以無論我們怎麼樣去旋轉那些座標軸，符號**r**代表同一樣東西。

現在我們假設另有一種具方向性的物理量，不管它是什麼量，和力一樣，有三個數字來表示。而且這三個數字在我們變換座標軸時，會依照一定的數學法則變換成其他三個數字。這個變換法則必須就是先前把(x, y, z)轉變成(x', y', z')的同一法則。換句話說，任何物理量若有三個數字，且這三個數字的座標變換方式和「空間中挪一步」的分量的變換方式相同，則這物理量就是向量。

任何像$\mathbf{F} = \mathbf{r}$的方程式，一旦它在某一個座標系裡成立，就會在**所有**座標系都成立。上面這個方程式當然就代表下面這三個方程式：

$$F_x = x, \quad F_y = y, \quad F_z = z$$

到另一座標系中就代表著：

$$F_{x'} = x', \quad F_{y'} = y', \quad F_{z'} = z'$$

一旦某物理關係能夠以向量方程式表示，就保證了該關係不會因座標系旋轉而變化。這正是向量在物理學這麼好用的原因。

現在讓我們來看看向量具有哪些性質。我們舉例說明向量時，常常提到速度、動量、力、加速度等等。為了種種目的，我們常用箭頭的指向來表達向量及其作用方向。

那麼為什麼我們可以用一根箭頭來代表力或其他向量呢？原因不外是它跟「空間中挪一步」有相同的數學變換性質，所以我們就用圖形來表示，任選一個合適的長度來代表一單位，箭頭的長度則代表量的大小。

以力為例，一單位就是一牛頓。一旦這樣做了，所有的力可以一概用長度來表示，因為像 $\mathbf{F} = k\mathbf{r}$ 這樣的方程式（其中 k 是某個常數），完全是合情合理的。如此一來，我們始終可以用帶箭頭的線段來代表力，畫下帶箭頭的線段之後，就不再需要座標軸了，方便許多。當然，座標軸一旦旋轉，我們可以很快算出三個分量，因為那只是幾何問題罷了。

1-5 向量代數

現在我們必須談談組合向量的幾種不同方式，與所涉及的定律或定則。第一種組合方式是兩個向量的**加法**：假設**a**是一個向量，它在某特定的座標系中有三個分量(a_x, a_y, a_z)，而**b**是另一個向量，它在同一座標系中有三個分量(b_x, b_y, b_z)。現在讓我們「發明」三個新數字，那就是$(a_x + b_x, a_y + b_y, a_z + b_z)$。這些數字是否也能構成一個向量呢？

有人可能會認爲：「對呀！它們是三個數字，而任何三個數字就能構成一個向量。」錯了！**並非**每三個數字就能構成一個向量！要成爲向量，除了必須有三個數字之外，我們旋轉座標系時，這三個數字還必須遵照前面敘述過的精確變換規則，分解到各個方向，再整併成新的分量。

要問的是，如果我們把座標系旋轉了一下，(a_x, a_y, a_z)頓時變成了$(a_{x'}, a_{y'}, a_{z'})$，而(b_x, b_y, b_z)也變成了$(b_{x'}, b_{y'}, b_{z'})$。那麼$(a_x + b_x, a_y + b_y, a_z + b_z)$在同樣的座標系旋轉之後，會變成了什麼呢？它們是否會變成了$(a_{x'} + b_{x'}, a_{y'} + b_{y'}, a_{z'} + b_{z'})$？答案當然是肯定的，因爲(1.5)式裡的基本變換，構成了我們所謂的**線性**（linear）變換。如果我們把這些變換關係應用到a_x與b_x上去求$a_{x'} + b_{x'}$的時候，就會發現變換過後的$a_x + b_x$，確乎與$a_{x'} + b_{x'}$相同。當**a**與**b**以此種方式「加在一起」時，會構成一個向量，我們稱之爲**c**。其間關係寫下來就是：

$$\mathbf{c} = \mathbf{a} + \mathbf{b}$$

而**c**還有一項有趣的性質就是，

$$\mathbf{c} = \mathbf{b} + \mathbf{a}$$

這點我們從它的分量一眼就可看出來。因此，

$$\mathbf{a} + (\mathbf{b} + \mathbf{c}) = (\mathbf{a} + \mathbf{b}) + \mathbf{c}$$

我們可以用任何順序把向量加起來，結果不變。

那麼**a** + **b**的幾何意義是什麼呢？在一張紙上，用兩根帶箭頭的線段來代表**a**與**b**，**c**會是什麼長相呢？答案在圖1-4。我們發現把**a**與**b**的各分量加起來最快捷的方法，就是把代表**a**的兩個分量所

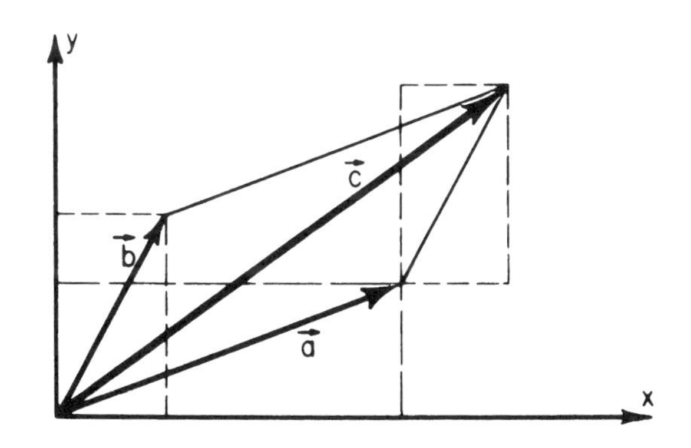

圖1-4　向量的加法

構成的長方形，跟代表**b**的兩個分量所構成的長方形，按照圖中方式連接起來。

因為**b**剛好是它那個長方形的對角線，所以看起來就好像把代表**b**的箭頭的「尾端」，銜接在代表**a**的箭頭的「尖端」上，然後從**a**的「尾端」跟**b**的「尖端」之間，畫一根新箭頭，也就是**c**。由於幾何學上平行四邊形的特性，我們也可以反過來，把代表**a**的「尾端」銜接在代表**b**的「尖端」上，而得到同樣的**c**。請注意！我們用這種方式求向量和時，完全不用任何座標軸。

假如我們要用某個數α來乘以一個向量，這又意味著什麼呢？我們**定義**這樣會是一個新向量，其三個分量分別為αa_x、αa_y、αa_z。請同學自己去證明它**是**向量。

現在讓我們考量向量減法，可以依照加法的辦法，只是以減來代替加而已。或者，可以定義一種負的向量，也就是 $-\mathbf{b} = -1\mathbf{b}$，把它們個別的分量加起來結果會完全一樣。見圖1-5，圖中表達的

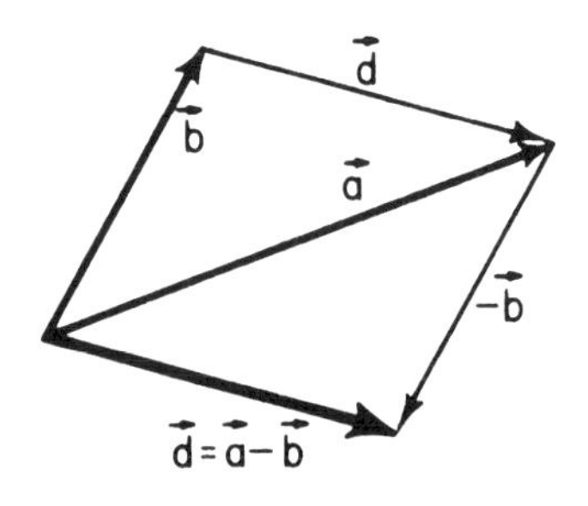

圖1-5　向量的減法

是$\mathbf{d} = \mathbf{a} - \mathbf{b} = \mathbf{a} + (-\mathbf{b})$。我們還看出來，兩個向量之差$\mathbf{a} - \mathbf{b}$很容易就經由相等的關係式$\mathbf{a} = \mathbf{b} + \mathbf{d}$求取出來。所以求差其實比求和更簡單：只要從**b**的尖端到**a**的尖端畫一根向量，就是$\mathbf{a} - \mathbf{b}$啦！

接下來我們要討論速度。速度爲什麼是向量？如果一個點的位置是由三個座標値(x, y, z)來表示的話，速度又該如何表示？速度是由dx/dt、dy/dt、dz/dt決定的。那它究竟是向量呢，抑或不是？

我們可以把(1.5)式微分，看看dx'/dt是否以正確的方式**變換**。結果是肯定的，dx/dt與dy/dt的變換跟x與y的變換遵循同樣的定則，所以這些對時間的導數確實是向量。也就是說，速度**是**向量。我們可以把速度寫成如下滿有意思的形式

$$\mathbf{v} = d\mathbf{r}/dt$$

我們也可以利用圖解方式更深刻瞭解速度是什麼，以及爲何速度是向量。某個粒子在一段很短的時間Δt內移動了多遠？答案是$\Delta\mathbf{r}$。那麼如果某個粒子此刻「位於此」，待會兒又「位於彼」，我們說它的位置向量差是$\Delta\mathbf{r} = \mathbf{r}_2 - \mathbf{r}_1$，次頁的圖1-6所顯示的就是粒子運動的方向。我們把$\Delta\mathbf{r}$用時間間隔（即$\Delta t = t_2 - t_1$）去除，就是「平均速度」向量。

換句話說，我們所說的向量速度，是指當Δt趨近於0的時候，在$t + \Delta t$與t時間點的兩個徑向量之差，除以Δt之後的極限：

$$\mathbf{v} = \lim_{\Delta t \to 0} (\Delta\mathbf{r}/\Delta t) = d\mathbf{r}/dt \tag{1.10}$$

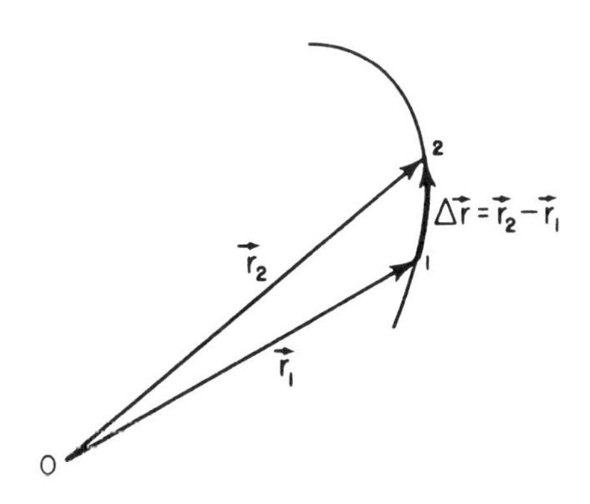

圖 1-6　一個粒子在一段短時間間隔 $\Delta t = t_2 - t_1$ 內的位移

速度是兩個向量的差，所以它也是個向量。速度這樣定義是對的，因爲它的分量是 dx/dt、dy/dt、dz/dt。事實上，從以上討論我們可推斷，如果把**任何**向量對時間微分，會得到新的向量。

總結起來，我們有幾個得到新向量的方式：(1) 乘以一個定值，(2) 對時間微分，(3) 兩個向量相加或相減。

1-6　牛頓定律用向量表示

爲了要用向量表示牛頓定律，我們尚需要定義加速度向量，也就是速度向量的時間導數。我們很容易證明，它的分量就是 x、y、z 對 t 的二次導數，即

$$\mathbf{a} = \frac{d\mathbf{v}}{dt} = \left(\frac{d}{dt}\right)\left(\frac{d\mathbf{r}}{dt}\right) = \frac{d^2\mathbf{r}}{dt^2} \tag{1.11}$$

$$a_x = \frac{dv_x}{dt} = \frac{d^2x}{dt^2}, \quad a_y = \frac{dv_y}{dt} = \frac{d^2y}{dt^2}, \quad a_z = \frac{dv_z}{dt} = \frac{d^2z}{dt^2} \tag{1.12}$$

使用這個定義，牛頓定律可寫成以下的形式：

$$m\mathbf{a} = \mathbf{F} \tag{1.13}$$

或

$$m(d^2\mathbf{r}/dt^2) = \mathbf{F} \tag{1.14}$$

現在的問題是，要證明牛頓定律在座標旋轉之下不變的話，我們得先證明**a**是一個向量，這點我們剛才已經做到了。然後還得證明力**F**也是一個向量，這點我們姑且就**假設**它是好了。所以如果力是向量，而由於我們知道加速度也是向量，那麼(1.13)式在任何座標系裡都會相同。

寫下方程式而不需要具體寫出x、y、z的優點就是，以後我們寫牛頓定律或是其他物理定律時，不需要每次都得把**三個**定律方程式都寫出來。而只要寫出**一個**代表定律的方程式即可，當然，它到了任何座標系裡，仍然代表一組三個定律方程式，因爲只要是向量方程式，就意味著等式兩邊的**各個分量都會各自相等**。

加速度是向量速度的變化率。這個認知幫我們在相當複雜的情況下計算出加速度。假定有個粒子正依一條很複雜的曲線在運動（如圖1-7）：在某一特定時刻t_1，它具有某一特定速度$\mathbf{v}_1$；經過了一段短時間之後，到了時刻t_2，它的速度變成了$\mathbf{v}_2$。那麼加速度是什麼呢？答案就是很小的時間間隔前後的速度差，除以這時間間隔。那麼我們又如何去求得這個速度差呢？

兩個向量相減，只需從$\mathbf{v}_1$的尖端到$\mathbf{v}_2$的尖端畫一根向量（帶箭頭的線段），然後畫一個∧符號，表示向量差就成了，對嗎？**錯了**！那個方法只適用於：兩個相減向量的**尾端**剛好在同一點上。如果向量的尾端並不在一塊兒，直接連接箭頭尖端求取向量差，就不對了。要特別注意！

我們必須另外畫一個圖來做向量減法。圖1-8把$\mathbf{v}_1$與$\mathbf{v}_2$從圖1-7

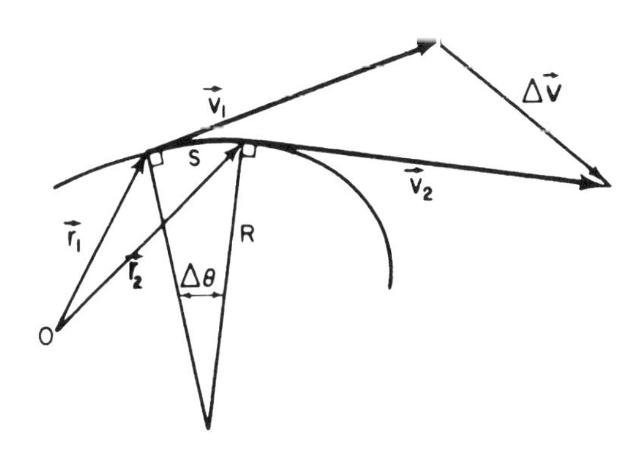

圖1-7　彎曲軌跡

平行搬過來，長度不變，尾端重疊，我們就可以利用圖來討論加速度了。當然加速度不外乎$\Delta\mathbf{v}/\Delta t$，不過有趣的是，我們可以把這個速度差用兩部分組成，也就是把加速度想像成具有**兩個分量**：如圖1-8所示，$\Delta\mathbf{v}_{\parallel}$的方向沿粒子運動路徑的切線，而$\Delta\mathbf{v}_{\perp}$的方向則與路徑垂直。其中在路徑切線上的該粒子加速度，當然就是向量**長度**的改變率，也就是**速率**v的改變率

$$a_{\parallel} = dv/dt \tag{1.15}$$

加速度的另一個分量，與曲線垂直的，很容易就可以從圖1-7跟圖1-8算出來。在短時間Δt內，$\mathbf{v}_1$與$\mathbf{v}_2$之間的角度變化，即爲圖中所示的小角度$\Delta\theta$。如果我們把速率的絕對值設定爲v，則

$$\Delta v_{\perp} = v\,\Delta\theta$$

則加速度就是

$$a_{\perp} = v\,(\Delta\theta/\Delta t)$$

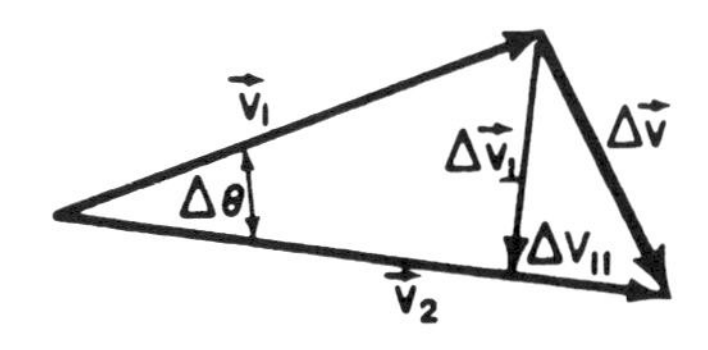

圖1-8　計算加速度之圖解

在此我們需要知道$\Delta\theta/\Delta t$ 是多少，它可用下述方式求得：我們可以假設在某一瞬間，粒子前進所遵循的曲線差不多跟一段半徑等於R的圓弧相吻合。於是在時間Δt內，粒子所經過的距離s，應該等於$v\Delta t$，其中v是速率，即

$$\Delta\theta = v\,(\Delta t/R) \qquad\qquad \Delta\theta/\Delta t = v/R$$

將此式代入前式後，就可以得到我們以前見過的

$$a = v^2/R \tag{1.16}$$

1-7 向量的純量積

現在讓我們再進一步檢討向量的性質。我們不難看出，空間中挪 步的**長度**，不會因為所使用的座標系有所不同。也就是說，在某一個座標系內，這一步$\mathbf{r}$是以x、y、z三個座標值來代表，到了另一座標系變成x'、y'、z'，跨步的距離$r = |\mathbf{r}|$ 會仍然維持一樣。我們知道，在頭一個座標系內：

$$r = \sqrt{x^2 + y^2 + z^2}$$

而在另一個座標系內則是

$$r' = \sqrt{x'^2 + y'^2 + z'^2}$$

我們想要證明這兩個量相等。既然雙方都取平方根，為了簡化，我們看兩個距離的平方值，然後看看下列式子是否成立：

$$x^2 + y^2 + z^2 = x'^2 + y'^2 + z'^2 \tag{1.17}$$

我們把(1.5)代進上式，左右兩邊果然相同。我們因而知道還有其他類型的方程式，它們在任何兩個座標系都成立。

此處涉及一樣嶄新的觀念，亦即我們剛剛計算出來的新的量，這個量是x、y、z的函數，叫做**純量函數**（scalar function）。這個量沒有方向性，在兩座標系都相同。從向量可以得到純量。其中的通用規則就是我們剛才在示範的：把三個分量的平方值加起來的和。

我們來定義另一樣新玩意兒，叫做$\mathbf{a} \cdot \mathbf{a}$。它並不是向量，而是純量，是不會隨座標系改變的數值，我們把它定義為「向量三個分量的平方和」：

$$\mathbf{a} \cdot \mathbf{a} = a_x^2 + a_y^2 + a_z^2 \tag{1.18}$$

你會問：「用哪一組座標軸呀？」它的值跟座標軸無關，不論是**哪一組座標軸**，它的值全都一樣。於是我們有了一**種**新的量，新的不變量，是由向量「平方」得來的**純量**。針對a跟b兩個向量，我們定義出下面這個量：

$$\mathbf{a} \cdot \mathbf{b} = a_x b_x + a_y b_y + a_z b_z \tag{1.19}$$

我們發現這個量，無論是在原來的座標中去計算，或是在新的座標中去計算，數值都維持不變。

證明的方法是：我們知道，對於**a**・**a**、**b**・**b**、以及**c**・**c**（其中**c** = **a** + **b**）來說，這些值在座標變換下都維持不變。那麼$(a_x + b_x)^2 + (a_y + b_y)^2 + (a_z + b_z)^2$這個平方和，也會維持不變：

$$\begin{aligned}(a_x + b_x)^2 + (a_y + b_y)^2 + (a_z + b_z)^2 \\ = (a_{x'} + b_{x'})^2 + (a_{y'} + b_{y'})^2 + (a_{z'} + b_{z'})^2\end{aligned} \tag{1.20}$$

把方程式兩邊全都展開後，除了**a**與**b**的各個分量的平方和外，剩下來的就是跟(1.19)式裡相同的乘積之和。由於(1.18)式平方和維持不變，剩下來的(1.19)式乘積之和亦是不變。

我們把**a**・**b**叫做**a**與**b**兩個向量的**純量積**（scalar product），它具有很多有趣、有用的性質。譬如說，我們很容易證明

$$\mathbf{a} \cdot (\mathbf{b} + \mathbf{c}) = \mathbf{a} \cdot \mathbf{b} + \mathbf{a} \cdot \mathbf{c} \tag{1.21}$$

同時，計算**a**・**b**有個簡單的幾何方法，那就是**a**・**b**等於**a**的長度與**b**的長度之乘積，再乘以兩個向量之間夾角的餘弦（cos θ）。爲什麼？假定我們選用一組特別的座標系，它的x軸跟向量**a**剛好一致。在此情況下，**a**只有一個分量a_x，而**a**跟a_x長度相同。(1.19)式可簡化成爲**a**・**b** = $a_x b_x$。而$a_x b_x$就是**a**的長度乘上**b**在**a**方向上的分量長度，b_x也就是等於$b \cos \theta$，所以

$$\mathbf{a} \cdot \mathbf{b} = ab \cos \theta$$

這組特別的座標系裡，我們已經證明了**a**・**b**等於**a**的長度與**b**

的長度之乘積、再乘以cos θ。**假如該方程式在某座標系成立，則它在其他任何座標系也會成立**，因爲$\mathbf{a} \cdot \mathbf{b}$之值不會因座標系的選擇而改變，這就是我們的證明。

$\mathbf{a} \cdot \mathbf{b}$中間有一個點，又稱爲**點積**（dot product，或稱爲內積）。這點積究竟有啥好處？物理學中有哪些情況用得上它呢？其實任何時刻都少不了它。比方說，在《費曼的6堂Easy物理課》第4堂課裡，動能等於$\frac{1}{2}mv^2$。這個v^2，應該是速度v分別在x、y、z三個方向上的分量，自乘之後相加起來的和。因此根據向量分析，動能的公式應該是

$$\text{K.E.} = \tfrac{1}{2}m(\mathbf{v} \cdot \mathbf{v}) = \tfrac{1}{2}m(v_x^2 + v_y^2 + v_z^2) \tag{1.22}$$

能量不具備方向性。動量則有方向性，它是質量與速度向量的乘積，所以動量仍舊是向量。

另一個點積的例子，是由某個力把物體從一處移動到了另一處所做的功。我們尙未定義什麼是功，不過功相當於能量的變化，某個力$\mathbf{F}$作用了一段距離$\mathbf{s}$，例如重物被舉上升一段距離：

$$\text{功} = \mathbf{F} \cdot \mathbf{s} \tag{1.23}$$

有時候把向量在某一方向上的分量拿出來單獨討論（譬如跟地面垂直的方向，因爲是重力的方向）有其方便之處。爲了這個目的，我們發明了一樣非常有用的東西，叫**單位向量**（unit vector），它的方向就與我們特別指定的方向一致。

稱它爲單位向量是因爲它與自己之間的點積恆等於一。我們把

一個單位向量稱為$\mathbf{i}$，則$\mathbf{i}\cdot\mathbf{i}=1$。一旦我們需要某個向量在$\mathbf{i}$方向上的分量，點積$\mathbf{a}\cdot\mathbf{i}$就等於$a\cos\theta$，即$\mathbf{a}$向量在$\mathbf{i}$方向上的分量。

如此求取分量很高明，事實上，我們就可以求取**所有**的分量，寫出相當有趣的公式來。在某個x、y、z的座標系裡，我們安排三個單位向量：$\mathbf{i}$是x方向的單位向量，$\mathbf{j}$是y方向的單位向量，以及$\mathbf{k}$是z方向的單位向量。已經知道$\mathbf{i}\cdot\mathbf{i}=1$。那麼$\mathbf{i}\cdot\mathbf{j}$是多少呢？當兩個向量的方向相互垂直時，它們的點積是零。因此

$$\begin{aligned}
&\mathbf{i}\cdot\mathbf{i}=1\\
&\mathbf{i}\cdot\mathbf{j}=0 \qquad \mathbf{j}\cdot\mathbf{j}=1\\
&\mathbf{i}\cdot\mathbf{k}=0 \qquad \mathbf{j}\cdot\mathbf{k}=0 \qquad \mathbf{k}\cdot\mathbf{k}=1
\end{aligned} \tag{1.24}$$

有了這些定義，任何向量都可以寫成

$$\mathbf{a}=a_x\mathbf{i}+a_y\mathbf{j}+a_z\mathbf{k} \tag{1.25}$$

利用這個方法，我們從向量的多個分量就直接知道向量本身。

本章對向量的討論不能算完整。不過與其更深入探討，不如先把討論過的觀念運用在各種不同的物理狀況下。把這個基本素材融會貫通，再進一步的探討，就比較容易瞭解，才不至於搞糊塗。

我們還會談到另一種向量乘積，叫做向量積（vector product），寫為$\mathbf{a}\times\mathbf{b}$。不過這得等到以後的章節再介紹了。

第2堂課

物理定律中的對稱

這件事是現在大多數物理學家

仍然覺得難以置信的一項事實，

是一件最深奧、最美妙的東西。

那就是在量子力學裡面，

每一個對稱定則

都有一個與之對應的守恆律。

2-1 對稱運作

這一章的主題，我們或許可稱之爲**物理定律中的對稱**。我們已經在第1堂課介紹向量概念之時，討論過與物理定律中的對稱相關的某些特點。

我們爲什麼應該關心對稱呢？首先，對稱對於人的心智來說，具有非常大的魔力，每個人都喜愛有些對稱的物體或圖形。很有趣的一個事實是，我們在周遭世界所找到的物體中，大自然經常會呈現某種對稱。我們所能想像最對稱的物體，或許就是球體了，而自然界中，正充滿著各式各樣的球體，有恆星、有行星，還有雲裡的小水滴。岩石裡的各式各樣結晶，也展現出很多不同種類的對稱。對於這些對稱的研究，讓我們知道了與固體結構有關的一些重要知識。甚至動物跟植物，也呈現出若干程度的對稱；雖然一朵花或一隻蜜蜂的對稱，不如晶體那樣完美與基本。

但是我們在此主要所關切的，不在於自然界中的**物體**。我們希望探討的是宇宙間一些更了不起的對稱性。那就是存在於**基本定律本身**之內的一些對稱，而這些基本定律控制物質世界的一切運作。

首先，什麼**是**對稱？一個物理**定律**，怎麼可能會是「對稱」的呢？給對稱下定義是有趣的事，不過，我們已經提過，魏爾給了一個相當不錯的定義：如果有一樣東西，我們能夠對它做些事情，而當我們做完那件事之後，該樣東西看起來仍舊跟以前一樣，那麼該樣東西就是對稱的。比方說，一個對稱的花瓶之所以對稱，是因爲我們從鏡子裡看它，或者把它轉動了一下，它看起來仍然一樣。此處我們希望考慮的問題是，在實驗裡，我們能夠對物理現象或物理狀況做些什麼事，而仍可以得到同樣的結果？表 2-1 列舉了一些已知的運作，在這些運作之下，各種物理現象會維持前後不變。

表 2-1　對稱運作

對稱運作
空間中的平移
時間中的平移
固定角度的旋轉
直線上的等速運動（勞侖茲變換）
時間反轉
空間中的反射
全同原子或全同粒子的交換
量子力學相位
物質—反物質（電荷共軛）

2-2 空間與時間中的對稱

我們首先可能想到要做的，譬如說，在空間中**平移**一個現象。如果我們在某區域做了一個實驗後，然後到空間中另一個區域就地建造同樣的一套儀器（或者把原來那套儀器搬過去），那麼只要我們把兩邊的條件都安排得完全相同，並且注意避開種種使它不能同樣運轉的環境限制，那麼原來儀器內所發生的一切事情，以同樣的順序，就應該會在第二個儀器上重演。之前我們已經討論過如何弄清楚應該把哪些事項包括在所謂的環境因素之內，在此我就不再重複那些細節了。

同樣的，我們如今也相信，**時間上的位移**對物理定律也不會有任何影響。（那只是就**我們目前所知**，這些全都是就我們目前所知而做出來的推論！）意思是說，如果我們建造好一套儀器，在某個時刻，譬如星期四的早上十點鐘，將它開動，然後再建造一套同樣的儀器，然後在譬如說三天之後，於完全相同的條件下開動。那麼這兩部機器在開動之後隨著時間變化的一舉一動都完全相同，它們的運作跟開動的時刻無關。當然，我們得再次假設，環境裡與時間相關的細節，都已經打理妥當。這種時間上的對稱當然意味著，如果有個人在三個月前買了通用汽車公司的股票，他若改為現在才買，還是會發生同樣的事情！

還有，我們必須注意到地理位置上的差異，當然這是因為地球表面的某些特性會跟著地理位置變化。譬如說，如果我們先測量某地區的磁場，然後把儀器移到其他地區，儀器的運作就不一定會跟原先完全一樣，因為磁場已經不同了。但是我們會說，這是因為磁場跟地球有關。因此我們可以想像：若是我們把整個地球跟著儀器一起移動，那麼儀器的運作情況就不會不同了。

我們曾相當仔細討論的另外一件事情，是空間中的旋轉。如果把一部儀器旋轉了一個角度，只要我們把有關的其他因素也一併旋轉了的話，該儀器就會一樣的運作。事實上，我們在第1堂課已經討論了不少在空間中旋轉之下的對稱問題。為了處理上能夠儘量簡潔，我們還發明了一套叫做**向量分析**的數學系統。

在更高一級的層次上，還有另一種對稱，那就是在等速直線運動下的對稱。它所指的是一種相當奇特的效應，那就是假如我們有一部儀器，它有一定的運轉方式，我們把這部儀器放到一輛汽車上，然後開動汽車，載著這部儀器以及一切相關的環境因素，以等速度直線前進。那麼僅就車子裡面所發生的物理現象來說，一切照舊：所有的物理定律看起來完全一樣。我們甚至知道如何用比較嚴謹的方式，來表示這種對稱，那就是物理定律的數學方程式，在所謂**勞侖茲變換**（Lorentz transformation）之下，會保持不變。事實上，就是因爲當初對於相對論的研究，使得物理學家的注意力都聚集在物理定律的對稱性上。

以上所談論到的對稱，在本質上都是幾何，因爲時間與空間約略也是這樣，但是另外還有不同種類的對稱。比方說，有一種對稱是描述同種類的原子能夠交換；換句話說，確實**有**同一類的原子存在。我們可以找到某一群原子，當我們把其中兩個原子互換之後，整群原子組合會不受影響，在互換前後完全一樣，因爲原子是完全相同的。例如只要有一個某類型的氧原子表現出某種行爲，那麼另一個同類型的氧原子，就會有同樣的行爲。有人可能會說：「簡直是荒謬，這不就是同一種類的**定義**嗎？」的確，這可能只是定義而已，但是這個定義無法告訴我們是否眞的**有**所謂「同種類的原子」，而**事實**是，自然界中有很多原子是同一種類的。所以當我們說拿一個原子去替換另一個同類的原子，而不會造成任何改變時，這說法還是有其意義的。

組合成原子的所謂基本粒子，依照上述的說法，也分成好多種類。而同類的粒子也是完全相同的：所有的電子全一樣，所有質子全一樣，一切π介子也全都一樣，等等。

以上所列一長串事情，都是做了之後不會改變物理現象的。這很可能讓大家以為，我們幾乎可以做任何事，而不造成改變。其實不然，且讓我們看看幾個相反的例子，以瞭解其區別。

假定我們問：「若尺度改變了，物理定律是否仍維持不變？」假如我們建造了一部儀器，然後再依相同設計建造出另一部儀器，樣樣都給放大了五倍，那麼後者的運作還會完全一樣嗎？在這種情況下，答案是**否定的**！譬如說，有個盒子裡裝著鈉原子，發射出光，我們測量其波長；而另一個體積五倍的盒子裡也同樣裝著鈉原子，但發射出的光，其波長不是前者的五倍長。事實上，兩個盒子所發射的光，波長完全一樣。所以波長與發光物大小之間的比值，是會改變的。

再看另一個例子：每隔一陣子，我們就會從報紙上看到有人用小火柴棒，搭建了一座大教堂模型，這多半是一些退休人員，把小火柴棒一根根用膠黏到一起，完成的藝術作品。這個大教堂模型可是非常精緻，比真的教堂要可愛得多。不過，我們不妨想像一番：如果有人同樣用小火柴棒去建一座跟真實教堂一樣大小的模型，我們就會看出問題來了；它不能維持長久，由於放大的火柴棒強度不夠，整個教堂會垮下來。又有人會說：「雖是這樣，但我們也知道，有外來因素造成影響時，這些因素也必須依比例改變！」

此處我們所說的，不外是物體對重力的承受程度。所以我們應該做的就是，首先把眞實的火柴棒大教堂模型與眞實的地球看成一系統，因爲我們知道它是穩固的，然後我們來看放大的教堂與放大的地球，但是這樣一來情況反而更糟糕，因爲重力增加得更多。

如今我們當然瞭解，物理現象之所以跟尺度有關係，是因爲自然界的物質全都是由原子組成的。如果我們建造了一部非常小的儀器，小到裡面只有五個原子的話，當然我們就不可能輕易把它放大或縮小。單個原子的尺寸，可不是能隨意變大或變小的，它是相當固定的。

物理定律在尺度改變之下，不會維持不變這件事，是由伽利略最先發現的。他明白物質的強度並非完全跟其大小成正比，他用以下的例子，示範我們剛才拿火柴棒教堂來說明的性質：他畫了兩根狗骨頭，其中一根是一般常見的狗骨頭，有著正常的比例大小，足以支撐普通狗的正常體重，另一根則是一隻他想像中「超級狗」的骨頭，大概是正常狗骨頭的十倍或一百倍，那根超級狗骨頭是個實心的龐然大物，但與平常骨頭相比，有著非常不一樣的長寬高比例。

我們不知道伽利略當時有沒有繼續推論下去，而得到自然定律必然有個固定的尺度這個結論。但是顯然他對於自己這項發現非常得意，重要性不下於他所發現的運動定律，因爲他把這兩樣發現一併發表在同一本著作裡，書名爲《關於兩門新科學》（*On Two New Sciences*）。

另外還有一個我們應該非常熟悉的例子，其中的定律也不是對稱的，那就是：在以等角速度旋轉的系統中，所得到的物理定律，並不同於不旋轉系統中的物理定律。如果我們做實驗，把所有實驗儀器全搬上一艘太空船，然後讓太空船在太空中，以一定的角速度旋轉，則太空船上的儀器運轉起來當然會不一樣，因爲我們知道，儀器內部的東西都會被離心力，或稱柯若利斯力，摔向外邊。事實上，我們用所謂的傅科擺（Foucault pendulum）就能夠知道地球在自轉，無須抬頭向外看。

接下來我們要談到一個非常有趣，而卻又顯然是錯的對稱，那就是**時間上的可逆性**。物理定律顯然不能反時間而行，因爲就我們所知，一切明顯的大尺度現象都是不可逆的。古詩云：「手指寫字，寫完了，不會再回頭。」（The moving finger writes, and having writ, moves on.）★ 至目前爲止，我們只知道這種不可逆性，來自於所涉及的粒子數目非常巨大；如果我們能夠看得見個別分子，就無法辨認出來這機制的運轉方向是正在向前，還是在倒退。

爲了更爲精確，我們想像建造出一部非常小巧的儀器，我們能夠知道其中所有的原子都正在做什麼，我們能看見原子在跳動。然後我們再建造另一具同樣的儀器，但是讓它從第一具儀器的最終情況開始，讓每個原子各以和原來正好相反的速度，反其道而行。那麼，**兩具儀器裡上演的事情完全相同，只是次序剛好相反**。

★譯注：此為十一世紀波斯學者兼詩人珈音（Omar Khayyám）的詩句，意思是人一生所為是每個人自己的責任，而且是無法回頭改變的。

換句話說，如果我們拿一部詳細記錄一塊物質內部變化的影片，我們把它照射到屏幕上並倒帶放映，沒有物理學家能夠在看了之後說：「這違背了物理定律，一定是哪裡出錯了！」只要我們不看到全部的細節，當然就會是這樣。如果我們看到的是一顆雞蛋掉到人行道上，蛋殼破裂，蛋黃、蛋白四溢，則我們一定會說：「這是不可逆的事件，因爲如果把這捲影片倒帶放映，會看到蛋黃、蛋白聚回到蛋內，破裂的蛋殼復原，而這明顯太過荒謬！」

但是如果我們單獨注意個別原子的話，物理定律看起來是完全可逆的。當然這是遠爲困難的發現。不過顯然的，各個基本物理定律在微觀及基本層次上，對時間的確是完全可逆的！

2-3 對稱與守恆律

物理定律的對稱性，在我們目前討論的層次上，就已經相當有趣了，不過等到我們談論量子力學，對稱性還會變得更加刺激、更加有趣。只是在目前討論的層次上，我們還不能夠把其中的一件事講得很明白。這件事是現在大多數物理學家仍然覺得難以置信的一項事實，是一件最深奧、最美妙的東西，那就是在量子力學裡面，**每一個對稱定則都有一個與之對應的守恆律**。也就是守恆律與物理定律的對稱性之間，有明確的關聯。現在我們只能說到這裡，不去試圖進一步解釋。

譬如說，物理定律對於空間中平移而言是對稱的這件事，配合上量子力學原理之後，就會得到**動量是守恆的**這回事。

物理定律在時間平移之下是對稱的這件事，在量子力學中，就意味著**能量是守恆的**。

在空間中做固定角度的旋轉之後，物理定律保持不變的事實則對應到**角動量守恆**。這些有趣的關聯都是物理學裡面最偉大且最美妙的事。

順便在此一提，有些在量子力學裡出現的對稱性，沒有古典類比，在古典物理學中找不到描述的方法。以下就是其中一例：如果ψ代表某一過程的機率幅，我們知道ψ的絕對值平方，就是該過程出現的機率。如果換另一人來做這項計算，只是他用的不是ψ而是ψ'，兩者之間只有相位上的差別（假定相位差Δ爲常數，則ψ'就等於$e^{i\Delta}$乘上原先的ψ），那麼ψ'的絕對值平方，亦即事件發生的機率，會等於ψ的絕對值平方：

$$\psi' = \psi e^{i\Delta}; \qquad |\psi'|^2 = |\psi|^2 \tag{2.1}$$

所以波函數的相位，在加上任意一個常數之後，物理定律仍會維持不變。這又是一個對稱。物理定律必須有這樣的特性：在量子力學相位的改變不會造成任何影響。

我們剛才說過，在量子力學裡，每一項對稱都有與之對應的守恆律。而量子力學相位對稱所對應的守恆律，似乎就是**電荷守恆**。這眞是極有意思的事。

2-4 鏡面反射

下一個問題，也就是這一章剩下的部分所要討論的問題，即是在**空間中的反射**之下的對稱性問題。問題是：在鏡面反射之下，物理定律是否對稱？

換個方式說就是：假如我們建造了一個儀器，比如說一個時鐘，它有許多齒輪、指針跟一些數字，它可以滴答、滴答運轉計時，裡面有發條可以上緊……。我們來看鏡子裡的這個時鐘，它在鏡子中**看**起來的樣子並不是重點，重點是我們要照著鐘在鏡子裡的模樣，另外**建造**一個完全同樣的時鐘。如果在原來的時鐘內有一根右旋的螺絲釘，那麼在另一個時鐘內相對應之處，我們就用上一根左旋的螺絲釘；鐘面上的「2」，在另一鐘面上變成了「ᘔ」；一個時鐘內的發條彈簧往一方向繞，鏡像時鐘內的彈簧則往另一方向繞。建造完成後，我們有了兩個實體的時鐘，兩者就是物體與鏡像的關係，我們要再次強調，它們都是實際物質做成的物體。此時的問題是：如果這兩個時鐘在同樣狀況下啓動，發條上到同樣的緊度，那麼這兩個時鐘，是否就永遠走得就像一個時鐘與它的鏡像時鐘那般呢？（這可是物理問題，不是哲學問題。）我們對物理定律的直覺告訴我們，它們應該**會**一樣。

至少對於這個時鐘例子，我們會猜測，空間中的反射，的確是物理定律的一種對稱，在我們把任何東西從「左」轉變成「右」，其他的不動，我們就會分辨不出前後有了差別。讓我們先假定上面所說是眞的，那麼我們就無法藉由任何物理現象去區分「左」跟「右」，就像我們無法憑藉物理現象去確定絕對速度。由於物理定律應該具有對稱性，所以我們便應該不可能從任何物理現象，去明確定義什麼是「左」、什麼是「右」。

當然，世界並不**一定**得是對稱的。比方說，利用我們稱爲「地理」的知識，「右」當然是可以定義的。例如，我們站在紐奧良，面向北方的芝加哥，那麼佛羅里達州是在我們的右邊（我們必須是頭上腳下，直立站著才行！）。所以我們可藉由地理來定義「左」跟「右」。任何系統的眞實情況當然並不一定具有我們所講的對稱性，**定律**是否對稱才是我們關心的問題。換句話說，如果出現另一個地球，其中一切物質，也包括像我們一樣的人們，全是「左撇子」，當他們站在他們的紐奧良，面向他們的芝加哥的時候，他們的佛羅里達州是在他們的左邊，而問題正是這種情況是否**牴觸物理定律**。很顯然，這似乎不是不可能的事，也就是所有的東西從左換成右，並沒有牴觸任何物理定律。

還有一點是，我們在定義「右」這個字眼時，不應該仰仗歷史（英文的右，歷來有「對」跟「正確」的意思）。有個可以分辨左右的簡單方法是，跑到工作間，隨便撿起一根螺絲釘，我們發現上面的螺絲紋路絕大多數是右旋的，雖然並非絕對，但是看到右旋螺絲釘的可能性會遠比左旋螺絲釘大。這是歷史或習慣上的問題，或者事情碰巧就是如此，但這跟基本物理定律並不相干。因爲我們很清楚，當初人們可以一開始就選用左旋紋路！

因此，我們必須設法找出某種自然現象，其中的「右手」會影響到基本性質。下面我們要討論的是一件有趣的事實，那就是偏振光在穿過，比方說糖水時，其偏振面會旋轉。我們在《費曼物理學講義I》的第33章，曾經討論過某種糖的水溶液會使得偏振光右旋。我們甚至利用這件事，來定義何謂「右手」，因爲任何人都可以拿些這種糖溶進水裡，然後定義偏振旋轉方向爲「右」。不過這個實驗所用的糖是從生物身上得來，如果用人工合成的糖，則我們發現偏振面就**不會**旋轉啦！但如果我們拿這種人工合成、不會使偏振面旋轉的糖水，放些細菌進去（讓細菌吃掉一些糖）後，再濾掉細菌，還有糖剩下來（大約是原來的一半），現在這些糖就會旋轉偏振面，但是旋轉的方向恰好**相反**！這看起來很令人困惑，但其實很容易解釋。

再舉一個例子：蛋白質是一切生物身上都有、而且是維持生命不可缺少的物質。蛋白質是由許多胺基酸聯結而成的長鏈分子。次頁的圖2-1中展示的是從蛋白質裡取出來的一種胺基酸的模型，這種胺基酸叫丙胺酸（alanine）。如果我們從任何生物體內的蛋白質，把丙胺酸取出來，它的分子結構會跟圖2-1(a) 所表示的一樣。但是我們若是想法子把二氧化碳、乙烷、氨結合起來，製成丙胺酸（我們**能夠**做到，因爲它不是很複雜的分子），就會發現人工做出來的丙胺酸，只有一半是圖2-1(a) 所示的結構，另一半則是像圖2-1(b) 所示的形狀！

第一種分子，也就是從生物體身上得來的分子，我們稱它爲**L-丙胺酸**。而另一個分子在化學組成上沒有差別，因爲它有著同樣種類的原子，以及原子間有著同樣的關係，但相對於「左手」的L-丙

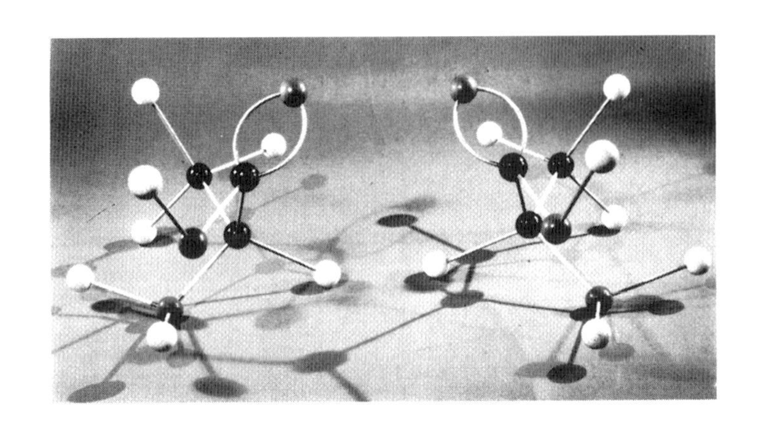

圖2-1 (a) L-丙胺酸（左），與 (b) D-丙胺酸（右）。

胺酸來說，它是一個「右手」分子，我們把它叫做**D-丙胺酸**。有趣的地方是，當我們在實驗室用幾樣簡單氣體合成丙胺酸時，得到的是這兩種丙胺酸的等量混合物。但是生物卻僅僅使用L-丙胺酸。（這個說法並非百分之一百正確，有些生物在特殊的情況下，也偶爾用得上D-丙胺酸，只是非常罕見。所有的蛋白質都只專用L-丙胺酸。）

所以在我們製造出兩種分子的混合物之後，拿去餵喜歡「吃」或是利用丙胺酸的動物，動物沒法利用D-丙胺酸，只能利用L-丙胺酸。就跟前面提過的糖是同樣的情形，在細菌吃掉它們能利用的糖之後，就只有剩下「錯誤」的糖！（左手的糖也有甜味，但與右手的糖不同。）

所以看起來，生命現象可以區分「右」跟「左」，或者說化學可以區分，因爲這兩種分子的化學性質不同。但並非如此！幾乎所有我們可以測量的物理性質，例如能量、化學反應速率等等，只要測量的時候，其他涉及的事物也都跟前一個情況的鏡面反射一般，我們就無法區分這兩種分子形態。當光線穿過它們的溶液時，會發生相反的旋光現象，一種向左，另一種則向右，而且通過等量的兩種溶液後，旋光的程度又完全相同。

因此，以物理觀點來看，兩種胺基酸應該可以畫上等號。依我們目前的瞭解，也就是基於薛丁格方程式（Schrödinger equation）的基本原理，這兩種分子的相應行爲，除了一左一右外，應該完全相同。但奇怪的是，只其中一種出現在生命現象中！

我們認爲這個現象的原因如下：假設，譬如說，在某一時刻某些生物的所有蛋白質帶有「左手」胺基酸，而且所有的酵素都是不對稱的，生物體內的所有分子也都是這樣。所以當消化酵素要把食物中的化合物轉變成另外一種化合物時，只有一種能夠正好「嵌」進消化酵素裡，另一種分子則不行（就像是灰姑娘與玻璃鞋的關係，只是我們要檢驗的是「左腳」）。

所以就我們所知，原則上，我們能夠製造出一隻青蛙來，其中每一個分子都和正常青蛙的剛好相反，一切都是眞實青蛙的「左手」鏡像，那麼我們就有了一隻「左手蛙」。這隻左手蛙只能活一陣子，因爲牠找不到可以吃的食物；譬如，牠可以吞下一隻蒼蠅，可是牠肚子裡的酵素並無法消化掉這隻蒼蠅（除非我們給牠一隻「左手蒼蠅」）。不過就我們所知，如果一切都翻倒過來的話，各種化學跟生命過程都會跟正常情形沒有兩樣。

如果生命純粹是物理與化學現象的話，我們可以從一個概念，去理解爲什麼如今所有的蛋白質都具有相同的旋轉方向：也許是混沌初開，碰巧出現一些生物分子，而其中少數分子勝出。在某個時刻、某處有一個不對稱的分子，後來「右手分子」在我們這個特殊的地理環境中，由那個不對稱的分子演化了出來；由於一個特殊的歷史事件偏好某個方向，從此這種不對稱就流傳了下來。

一旦生物圈成爲目前的狀況，當然這就會持續下去——所有酵素僅能處理右手分子，再製造出右手分子：在植物葉子行光合作用、把二氧化碳和水製造成糖時，由於所用的酵素已經是不對稱的，所以合成出來的分子也就不是對稱的。即使後來才出現的新生物或新病毒，也必須能「吃」既有的生物，始能生存下去，所以這些新生物也必須是同一類的。

右手分子的數目倒不是守恆的。一旦有了右手分子，我們便可以不停的增加右手分子的數目。所以我們推測，生命中一面倒的現象，不能用來證明物理定律缺乏對稱，反而可以證明大自然的普遍性，以及地球上所有生物如上面所描述的那般，全來自同一源頭。

2-5 極向量與軸向量

現在我們要再做進一步的討論。我們在物理學內，看到有許多各種的「右手」跟「左手」定則。事實上，我們之前在學習向量分析時，學到了一些右手定則，以便得到正確的角動量、力矩、磁場等等。

比方說，一個電荷在磁場中運動，所受到的力是$\boldsymbol{F} = q\boldsymbol{v} \times \boldsymbol{B}$。如果在某個情況下，我們已知道$\boldsymbol{F}$、$\boldsymbol{v}$、$\boldsymbol{B}$，那麼前面磁力的方程式不是就足以定義出「右手性」嗎？事實上，如果回頭去看看向量是如何來的，可以發現所謂的「右手定則」只不過是個慣例，一項技巧而已。而諸如角動量、角速度、以及類似的東西，其實根本不是向量！它們都以某種方式跟一個平面有關係，而因爲空間有三維，我們可以把上述那些量跟垂直於平面的方向拉上關係。其實跟那個平面垂直的方向共有兩個，在這兩個方向之間，我們只是選擇了「右手」的方向罷了。

所以如果物理定律是對稱的，那麼假設有一位精靈偷偷跑進所有物理實驗室，把其中有「右手定則」的所有書籍上的「右」字改變成「左」字，使得我們全面改用「左手定則」，則各種物理定律依然成立。

讓我們看一個實際的例子。向量有兩種，其中一種是「純正」的向量，例如空間中的位移Δr。如果在我們的儀器裡面，這裡有一個東西，那裡有另一個東西，那麼在鏡像儀器裡，這兩個東西也各自位於其鏡像位置。如果我們在「這個東西」與「另一個東西」之間，畫上一個向量，鏡子裡當然同樣也出現這個向量的鏡像（次頁的圖2-2）。該鏡像向量與原來的向量相比，轉了個方向，好像整個空間從裡向外都給翻轉了過來；這樣的向量，我們稱爲**極向量**（polar vector）。

而另一種向量則跟旋轉有關，性質就不同了。比方說，如次頁的圖2-3所示，在三維空間裡，有某樣東西在旋轉。如果我們去看

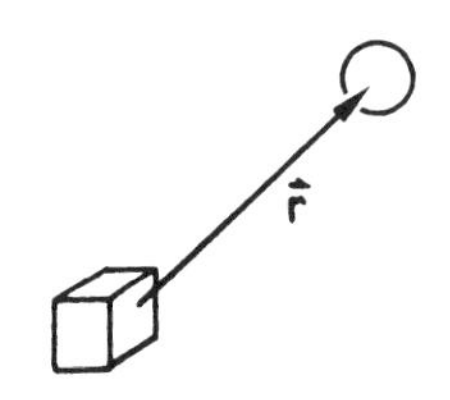

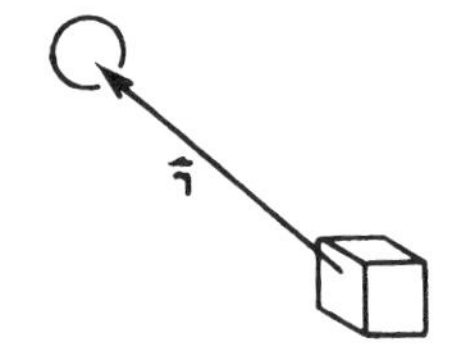

圖2-2 空間中的位移及其鏡像

它的鏡像，所看到的也就跟圖中所畫的那樣在旋轉，亦即原來旋轉的鏡像。這時候若沿用慣例（亦即右手定則），來表示鏡子裡的旋轉，結果我們會得到一個「向量」，但是這個「向量」並**未**像極向量一樣改變方向，而是相對於極向量以及空間幾何顚倒了過來。這類的向量，我們稱之爲**軸向量**（axial vector）。

如果鏡反射對稱在物理學中成立，則所有的物理定律方程式都必須設計成：當我們把所有軸向量及向量外積的正負號都顚倒過

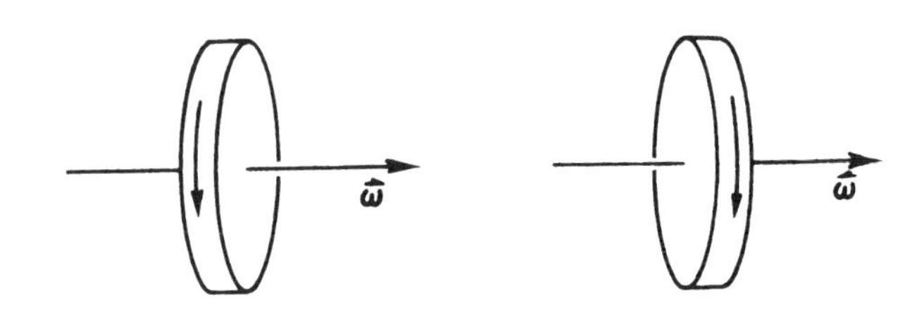

圖2-3 轉輪跟它的鏡像。請注意，角速度「向量」並未調轉方向。

來，也就是相當於對這些量做鏡反射變換，則方程式會維持不變。譬如說，我們爲了描述角動量而寫下的公式$\boldsymbol{L} = \boldsymbol{r} \times \boldsymbol{p}$，就合乎這個條件，因爲如果把座標系換成左手座標系後，$\boldsymbol{L}$的正負號會隨著改變，但是$\boldsymbol{p}$跟$\boldsymbol{r}$的正負號不必改變，然而外積的正負號卻必須改變，因爲我們已經從右手定則，改成左手定則了。

另外一個例子是：我們知道，在磁場中運動的電荷所受到的力是$\boldsymbol{F} = q\boldsymbol{v} \times \boldsymbol{B}$。如果我們把右手座標系改爲左手座標系，則由於$\boldsymbol{F}$跟$\boldsymbol{v}$都已知是極向量，公式中因外積而不免造成的正負號改變，勢必要由$\boldsymbol{B}$的正負號改變來抵消，這表示$\boldsymbol{B}$必須是軸向量。換句話說，如果我們做鏡反射變換，$\boldsymbol{B}$必須變成$-\boldsymbol{B}$。所以當我們從右手座標系改爲左手座標系時，還必須把磁鐵的南、北極掉換過來。

現在讓我們看個例子。假如我們有兩根磁鐵，如圖2-4所示，

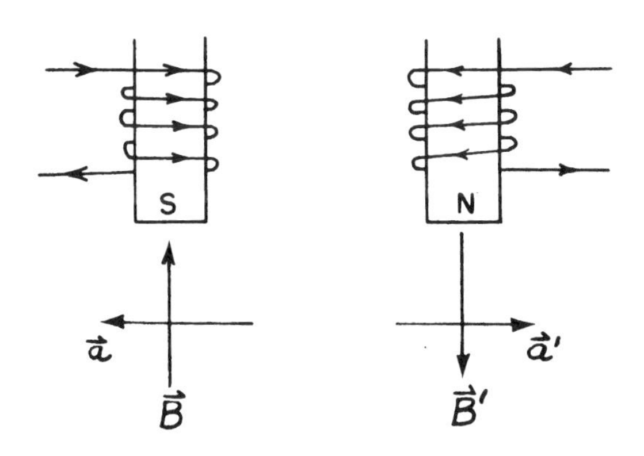

圖2-4　磁鐵及其鏡像

外面都繞有線圈。其中一根磁鐵，線圈中的電流朝某一方向流動。而另外那根磁鐵看起來像是第一根磁鐵的鏡像，線圈的繞法剛好相反，線圈中所發生的一切現象都會顛倒了過來，電流一如圖中所示的流動。如此一來，根據線圈電流產生磁場的定律（雖然我們在課堂上還沒正式教到這些定律，但這是我們應該在高中就已經學過了的東西），我們會得到如圖所示的磁場。圖中一根磁鐵的磁極是南磁極，由於環繞另一根磁鐵的電流方向顛倒，以致另一根磁鐵的磁極變成了北磁極。由此可知，當我們從右改變為左時，我們必須把磁場的南、北極對調！

但是各位別太在乎剛才提到的南、北磁極對調，因為所謂的「南極」與「北極」的稱呼，也不過只是一種慣例而已。讓我們接下來討論實際**現象**究竟是怎樣。假如有一個電子移動穿過磁場，方向是往書頁紙張裡面走。在此情況下，如果我們用前面說過的力的公式，也就是 $\boldsymbol{v} \times \boldsymbol{B}$（記住電荷是負值），我們發現這個電子會遵照物理定律，朝著圖上所畫的箭頭方向轉向。所以實際現象是：線圈內的電流往某一方向流動，而電子會以某種方式轉彎。這就是物理！這個現象完全跟我們如何定義「左」與「右」無關。

接下來，讓我們對鏡像裝置做同樣的實驗：我們對著紙面同樣送出一個電子，現在力的方向是反了過來──如果我們用相同的定則來計算，而這是好事，因為所對應的**運動**也恰好是原來電子運動的鏡像！

2-6 哪隻是右手？

實際上，在討論任何現象時，總會有兩個或偶數個右手定則，所以最後結果是該現象看起是來對稱的。簡而言之，如果我們分不清南北，我們也就分不清左右。不過，我們卻又似乎**能夠**分辨出一根磁鐵的北極來，因爲一根指南針的北極會指向北方。但那又是一個可以隨地區而變的性質，與地理學有關；就跟談論芝加哥的方向一樣，所以這不能算是我們可以分辨南北的證據。大家總都見過指南針，大概也注意到，指南針指向北極的一端，一般都塗成藍色。這藍色只是製造指南針的人所塗上的標誌，都是因人而異的慣例而已。

但是假如有朝一日，我們看得夠仔細，而發現磁鐵的北極上會長出細毛，南極卻不會，假如這是普遍的現象，或者如果有**任何**明確的方法，能夠分辨出磁鐵的南、北極，那麼**鏡反射對稱定律就完了**。

爲了要把整個問題解說得更清楚，想像我們要透過電話跟火星人或是距離我們非常遙遠的人交談。我們不准將任何眞實樣品送給對方察看，譬如說，我們若可以把光傳送過去，我們便能送過去一束右旋的偏振光，同時告訴對方：「請仔細看，這就是我們的右手旋光！」但是我們什麼東西都不能**送**過去，而只能跟他交談。而且對方離我們實在太遠，或者那兒環境很怪異，看不見我們所能見到的一切，譬如，我們不能告訴對方說：「請抬頭看大熊座，看清楚裡面恆星的位置，我們這邊所謂的右，就是……」我們只被允許用電話交談。

我們首先要告訴對方我們這邊的情況。當然，我們得從定義數字開始，於是說：「答、答，二。答、答、答，三……」多次交談之後，對方終於逐漸懂得幾個單字。過了一陣子，我們漸漸跟這位仁兄變得非常熟悉了，他開口問：「你們是什麼模樣呢？」我們便開始描述自己說：「我們是六英尺高。」他馬上打岔：「等等！什麼是六英尺？」

有沒有辦法可以告訴他，什麼是六英尺呢？當然有！於是我們接著說：「你總該知道氫原子的直徑吧，我們的身高大約是等於把17,000,000,000個氫原子疊起來的總高度！」這種辦法之所以行得通，因爲在尺度變換之下，物理定律並不是維持不變的，因此我們能夠定義一個絕對長度。

於是我們定義了人體的尺寸，以及大概形狀，說明人體有四肢，每根肢體末端長著五根外伸的指頭等等。對方也都能瞭解，如此大致把人體外形描述完畢，沒有遇到什麼特殊的困難。對方甚至邊聽邊照我們所說的，製作模型。他說：「嘜呀！你們長得可眞不賴！可是你們身體裡面又是什麼樣子？」

所以，我們又開始逐一介紹人體裡面的各個器官，當介紹到了心臟，在詳細描述它的形狀之餘，我們說：「這心臟的位置是在身體的左邊……」對方就回說：「嗯，左邊？」現在麻煩可大了，要如何告訴他心臟在哪一邊，而在對方又從沒看過我們已看過的任何東西，而且我們又不許寄任何樣品過去，讓他知道我們所說的「右」

是什麼意思，對方完全沒有我們定義爲「右手性」的物體。我們眞能夠回答他的問題嗎？

2-7 宇稱不守恆！

我們知道，重力定律、電跟磁的定律、核力，都滿足鏡反射對稱原理。所以，這些定律以及任何由它們推導出來的東西，都沒有左右之分，對於我們的問題不能派上用場。但是有一個稱爲β**衰變**或**弱衰變**的現象，跟許多自然界基本粒子有關，給了我們一個巧妙方法。

有一個弱衰變的例子，它涉及了一個在1954年才發現的新粒子，這個特殊的衰變成爲非常困惑人的難題。有某一種帶電粒子會衰變成三個π介子，如圖2-5所示。這種基本粒子有一陣子被稱爲τ介子。在圖2-5裡，我們也看到了另一種會衰變成**兩個**π介子的粒子，從電荷守恆的觀點上衡量，當中一個π介子勢必是電中性才行。這種會衰變成兩個π介子的粒子稱爲θ介子。所以有一個τ介

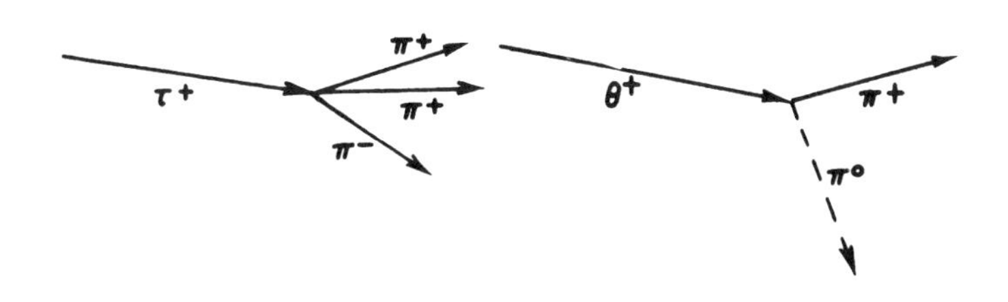

圖2-5　τ介子與θ介子衰變的示意圖

子，會衰變成三個π介子；另有一個θ介子，會衰變成兩個π介子。不久之後，有人發現τ介子跟θ介子的質量幾乎相等；事實上實驗誤差之內，這兩個粒子的質量是相等的。其次又發現它們各自衰變爲三個π介子和兩個π介子的時間也幾乎完全一樣，也就是它們的壽命相同。又接著發現它們產生時，總是以一定的比例出現，比如τ介子占了14%，θ介子占了86%。

任何用點腦筋的人都會馬上想到它們一定是同一種粒子，我們只是製造了一個有兩種衰變方式的粒子，而不是兩個不同的粒子。就是因爲它們是同一種粒子，才會具有同樣的壽命跟產生比例（因爲這只是這兩種衰變模式出現的機率比值而已）。

但是我們根據量子力學的鏡反射對稱性，可以證明（只是我們完全無法在此處解釋**如何**證明），這兩種衰變**不可能**來自同一種粒子——同一種粒子**不能**有這兩種不同的衰變方式。對應到鏡反射對稱的守恆律純然是一種量子概念，在古典物理中找不到類似的東西，這種量子力學守恆稱爲**宇稱守恆**（conservation of parity）。換句話說，這兩種粒子不可能相同的說法，是根據宇稱守恆所得到的結論。更精確的說，由於弱衰變的量子力學方程式，在鏡反射變換下仍維持不變，因此同一種粒子絕不可能有這兩種不同的衰變方式，所以，它們應只是碰巧有著相同的質量、相同的壽命而已。

然而，我們愈研究這個問題，就愈覺得這個巧合實在不尋常，因而不由得使人逐漸懷疑，也許大自然深奧的鏡反射對稱性可能出了問題？

爲了釐清這個明顯的矛盾，物理學家李政道和楊振寧建議用其他實驗去研究相關的衰變，以檢驗鏡反射對稱在其他情況是否也成立。哥倫比亞大學的吳健雄女士率先做了一個這種實驗，她的實驗是這樣的：在非常低的溫度下，利用一個非常強的磁鐵，而由於有一種特殊的鈷同位素原子帶有磁性，而且這種鈷同位素會發生弱衰變，發射出一個電子，如果溫度夠低，能夠避免原子間的熱振盪使原子磁體晃動得太厲害，這些鈷原子磁體就會乖乖的在強磁場裡排列起來，也就是這些鈷原子磁體的北極都會順著磁場的方向。然後它們衰變，發射出電子。吳健雄的實驗結果顯示，當這些鈷原子排列在一個 ***B*** 向量朝上的磁場裡時，發射出來的電子大多數都是方向朝下，跟 ***B*** 相反。

對於一個不太熟知自然世界的人來說，這個實驗結果聽起來沒有什麼意思。但凡是對這世界所發生的問題及有趣事物有些瞭解的有心人，都知道這是一件最具戲劇性的重要發現：我們把鈷原子放在超強磁場裡面，鈷原子衰變發射出的電子，往下射出的比往上射出的多。因此，假如我們能夠跑到鏡子裡面去做同樣的實驗，鈷原子的排列應呈相反的方向，於是它們多半會把電子往**上**射出，而不是向**下**射出。這個衰變現象對於鏡反射而言是**不對稱**的。**磁極上真長出毛來啦！**β 衰變過程所產生的電子，有避開磁鐵南極的傾向，由此我們終於找到一個物理上的辦法，可以區分南、北兩極了。

在這之後，其他科學家又做了許多類似實驗：如 π 介子衰變成 μ 介子與 ν 微中子，μ 介子衰變成一個電子與兩個微中子，Λ 衰變成質子與 π 介子，Σ 的衰變，以及其他很多衰變。事實上，幾乎所有的實驗都如同預期，**不**遵守鏡反射對稱！在物理最基本的層次上，鏡反射對稱定律是不成立的。

總之，我們能夠回答外星人關於心臟要放在哪邊的問題了，我們可以說：「聽好了！去建造一個磁鐵，繞好線圈，通上電流，拿些鈷元素來，把溫度降低。安排好實驗，以便讓鈷元素發射出來的電子，方向大多是從你的腳趾奔向你的頭。這時檢查電流的方向，電流進入線圈的方向，就是我們所謂的右邊，而出來的方向就是左邊。」所以只要進行這個實驗，就能定義左與右了。

此外物理學家還預測了許多其他結果。譬如，我們發現鈷原子核的自旋（spin），即角動量，在衰變之前是5單位的 $\hbar$ ，衰變之後變成4單位。而電子也帶有自旋角動量，此外還涉及一個微中子。我們從以上這些結果可以很容易知道，電子的自旋角動量的指向應該與它的運動方向相反，微中子也是如此。因而看起來電子應該是向左自旋，這跟實驗結果也相互吻合。事實上，這項實驗證明工作，就是由我們加州理工學院的貝姆（Felix Boehm）和韋普斯特拉（Aaldert Wapstra）所做的，他們發現大多數電子都是左旋。（有其他實驗得到相反的結果，但那些實驗是錯的！）

下一個問題，當然就是找出來宇稱守恆失效的定律。什麼定則告訴我們，這守恆失效的程度有多強烈？我們所發現的定則是這樣的：這種宇稱不守恆現象似乎僅只發生在一些非常緩慢的、叫做弱衰變的反應中。而且當它發生時，凡是從反應中產生的帶自旋粒子，如電子、微中子等等，都有左旋的趨向。它是一個偏向一邊的定則，它把極向量速度跟軸向量角動量連結起來，而且說自旋角動量比較喜歡逆著速度的方向，不太喜歡跟速度同向。

以上就是目前所知的定則，但是我們還不眞正瞭解其中原委。**為何**這個定則是正確的？它的根由是什麼？它跟其他事物有何關聯？目前弱衰變沒有鏡反射對稱這件事，還讓我們震撼不已，所以我們還無法去瞭解它對於其他物理定則的意義。

不過，由於這個議題非常有趣、很新穎、又尚未解決，所以看來我們應當再討論一些跟它相關的問題。

2-8 反物質

一旦發現有某種對稱其實不能成立之後，第一件該做的事就是，馬上回去檢查所有已知或假定有的對稱，看看是否有其他對稱也出錯了？

在已知的對稱清單中，有一項我們到現在都還沒有提及，但它必須受到質疑，那就是物質與反物質的關係。狄拉克（Paul Dirac）預測，在電子之外還另有一種粒子，叫做正子（positron）〔後來由加州理工學院的安德森（Carl Anderson）發現〕，它和電子密切相關。所有這兩種粒子的性質，都遵守一些相對應的定則：雙方的能量相等、質量相等、但電荷相反，但最重要的一點是：它們兩個一旦相遇，就能互相毀滅，而把全部的質量以能量形式釋放出來，例如成爲γ射線。我們稱呼正子爲電子的**反粒子**，而以上所列性質就是粒子與反粒子之間的特性。

根據狄拉克的論證，世上一切基本粒子都應該各自有其反粒子。譬如說，世界上既然有質子，就應該有反質子，現在我們把反質子的符號寫爲$\overline{p}$。$\overline{p}$會帶負電荷，質量跟質子的一樣等等。然而最重要的特性就是，質子與反質子一旦碰上了，就能互相毀滅，全部化爲能量。

我們之所以再三強調這個特性，是因爲當我們說中子之外還有反中子存在時，許多人便不能理解，他們會問：「中子本身是電中性，怎麼**可能**會有個跟它電荷相反的反粒子呢？」定則中這個「反」字代表的，不光只是電荷相反而已，它還包含著一整套的性質，其中全部都相反。中子跟反中子可以這麼區分：如果我們把兩個中子放置到一塊兒，它們仍舊維持爲兩個中子。但是如果我們把一個反中子跟一個中子放在一起，它們就會互相消滅，釋放出很多能量以及各種π介子、γ射線之類的東西。

原則上，在有了反中子、反質子、反電子之後，我們就能夠製造出反原子。雖說我們還沒這麼做過，但原則上是可能的。比方說，一個氫原子的中心有一個質子，外面繞著一個電子。現在想像，我們可以在某個地方製造出一個反質子，外面圍繞著一個正子，這個正子也會持續在外邊繞圈子嗎？嗯，首先，反質子的電荷是負的，正子的電荷是正的，所以它們會吸引彼此，就像質子與電子那樣，而且由於正反粒子質量都相等，所以一切現象應該完全一樣才對。物理學的對稱原理之一就是（方程式也似乎如此顯示），以反物質建造的時鐘，跟用普通物質建造的時鐘，運轉起來不會有什麼不同。（當然如果這兩個時鐘放在一塊兒，它們會彼此毀滅，但那是另一回事。）

不過，這馬上會引發一個問題。我們可以用物質製造出兩個時鐘，一個「左手」鐘跟一個「右手」鐘。譬如說，我們故意用複雜的方式製造時鐘，利用一些鈷元素、磁鐵跟一個專門用來偵察和計數β衰變電子的電子偵測器。每當它測到一個電子，時鐘的秒針就移動一格。如此一來，接收到較少電子的鏡像時鐘，走的速度就不一樣。所以我們可以製造出一對不會同樣運轉的左手鐘跟右手鐘。

現在就讓我們用物質，以這種方式，製造出一個所謂的右手時鐘，然後又依樣畫葫蘆，用物質打造一個左手時鐘。我們才剛剛發現，一般而言，這兩個時鐘走得**不**一樣快；在吳健雄那個震驚世界的物理實驗之前，我們還以爲這兩個時鐘的運作會一樣。

而如今我們又認識到物質與反物質是等效的東西。所以如果我們用反物質，按照原來右手時鐘的模樣，製造一個反物質右手時鐘，則它應該跟物質右手時鐘走得一樣。同理，反物質左手時鐘也應該跟物質左手時鐘走得一樣。換句話說，一開始，大家都相信，這**四個**時鐘都應該是一樣的。但現在我們知道，右手時鐘跟左手時鐘走的速度不同。因此，反物質左手時鐘也當然應該跟反物質右手時鐘不同。

那麼一個顯然的問題就出現了，那就是誰跟誰會是一對？還是全都對不起來？換句話說，是右手時鐘跟反物質右手時鐘走的速度一樣呢？還是右手時鐘跟反物質左手時鐘走的速度一樣？如果我們去做衰變出正子而非電子的β衰變實驗，結果是，這四個時鐘是交叉對應的，也就是右手時鐘跟反物質左手時鐘走的方式相同，左手時鐘跟反物質右手時鐘走法相同。

因此，轉了一個大圈圈之後，我們終於又證明，左跟右的對稱其實還是成立的！如果我們依照物質右手時鐘，打造一個它的鏡面反射時鐘（即所謂左手時鐘），且所用的材料是反物質的話，則這兩個時鐘的運轉會完全一致。所以結果就是，我們原先有的兩個獨立對稱定則，現在把它們合而爲一，成爲一個新的定則：一般物質的右邊，跟其反物質的左邊是互相對稱的。

所以如果我們的外星人朋友是反物質做的，依照我們告訴他的指示，對方做出「正確」（或右手）的，和我們一樣的模型之後，結果卻會適得其反。在我們跟外星人朋友長期通話之後，互相交換了如何製造太空船的最新科技，然後相約兩地中途的太空中見個面，又會發生什麼事？當然我們會告知對方，彼此的傳統之類的事情，所以兩邊都知道見面時要握手致意。好了，見面的一刻終於來臨，對方伸出來的卻是左手，那麼你就得特別小心了！

2-9 失 稱

下一個問題是，我們如何去解釋那些**幾乎**對稱的物理定律呢？幸好在物理世界裡，有一大堆重要的強現象，例如各種核力、電力現象，甚至比較弱的現象，如重力等等，所有這些現象的定律，似乎全是對稱的。

但是在另一方面，仍然有一些物理現象跳出來說：「啊不！並非所有定律都是對稱的！」大自然爲什麼只是幾乎完全對稱，但卻並非完全對稱？這裡面是否有什麼玄機呢？我們還有任何其他非對稱的例子嗎？答案是我們真的還有，並且有好幾個。譬如說，質子與質子、中子與中子、中子與質子之間的核力，是完全相同的。也就是核力有對稱性（這個對稱性我們還未提出來討論過，我們能夠把原子核的中子與質子交換，而不影響核力）。但是很顯然，這種對稱不是一種一般性的對稱，因爲兩個質子之間，有著互相排斥的電力，但中子之間並沒有這種電力。所以我們並非**總是**可以用中子去取代質子，因而核力對稱充其量只能說是相當不錯的近似而已。爲什麼說它相當**不錯**呢？因爲核力遠比電力強大。所以這種對稱，也只是「幾乎完全」的對稱。這就是一例。

在我們心目中有個傾向，認爲對稱就代表某種完美。正好像古希臘人普遍認爲，只有正圓才夠完美。對他們來說，相信行星軌道不是正圓，而只是很接近正圓，是很不應該的事。從正圓到接近正圓，並非小事一樁，對人的心靈來說，這是革命性的改變。

正圓亦唯其是正圓時，才能標榜完美與對稱。一旦有一絲一毫的變形，它就只能跟完美與對稱說再見了。在此情況下，問題就轉成爲何只是**幾乎**是個圓——這是個相當困難的問題。行星運動一般說來，應該是個橢圓形，但是經過長久以來潮汐力等等的作用，軌道漸漸變得幾乎是對稱。從正圓的觀點看，由於它們是完美的圓，所以不需要再去解釋，這樣就很簡單。但是既然它們僅幾乎是圓，所以就有很多需要解釋的事。然而後來發現，這是一個麻煩的動力學問題，因此我們的問題變成，如何從潮汐力及其他因素去解釋軌道何以幾乎是對稱的這件事。

我們的問題是解釋，這些對稱究竟源自何處？爲什麼大自然是如此接近對稱？沒有人知道眞正原因，唯一我們可以想到的是：日本的名勝地日光有一座門樓，很多日本人認爲，它是全日本最漂亮的一座門樓。在建築這門樓的年代，日本受到中國藝術的影響很大，門樓建造得非常精緻，有許多山形牆及漂亮的雕刻，許多柱子上刻著龍頭和人物。但你若是靠近仔細觀察，就會發現在一根柱子上，精緻複雜的雕刻設計裡面，有一個很小的圖案，居然上下顚倒，除此之外，整座門樓是完全對稱的。有人問爲什麼會這樣，相傳是人們刻意弄了這個顚倒的圖案，以免神明嫉妒人的完美。人們故意在這裡犯錯，免得神明嫉妒而遷怒人類。

我們不妨把這個想法倒過來看：大自然近乎對稱的眞正原因是，上帝只把物理定律造得近乎對稱，以免我們嫉妒上帝的完美！

第3堂課

狹義相對論

在太空船內，

時間本身看起來是慢下來了。

一切現象，

包括人的脈搏、思考過程、老化時間等等，

全都必須以同樣的比例慢了下來，

就因為他無法覺察自己是否在運動。

CALTECH

3-1 相對性原理

在牛頓提出其運動方程式之後兩百多年間，人們一直深信這些運動方程式正確的描述了大自然現象。當第一次有人發現這些定律出錯之時，改正這個錯誤的方法也同時被找出來了。這兩項發現，都是愛因斯坦在1905那一年完成的。

牛頓的第二定律，可以用數學方程式表示如下：

$$F = d(mv)/dt$$

方程式裡的m雖沒有人明白說出來，但一直想當然耳的被認為是個定值。但是我們現在知道，這是錯的，物體的質量會跟著速度增加。在愛因斯坦改正後的公式裡，m的值等於：

$$m = \frac{m_0}{\sqrt{1 - v^2/c^2}} \tag{3.1}$$

公式裡的m_0是所謂的「靜質量」(rest mass)，代表物體在靜止時的質量。c是光速，約為每秒3×10^5公里，或是每秒186,000英里。

如果你學習相對論的目的，只是為了解問題的話，相對論就是這麼多了。它只是把一個質量的修正因子，加進到原來的牛頓定律中而已。從愛因斯坦的公式裡面，我們很容易看得出來，在一般情況下，質量的增加非常之小。即使圍繞著地球運轉的人造衛星，有著每秒5英里的速度，我們若把$v/c = 5/186,000$代入上式，所計算出來的質量修正值，也只有原質量的二、三十億分之一而已。那麼微小的差異，幾乎根本不可能觀測出來。但是事實上，人們已經觀測到許多種速度近乎是光速的粒子，而充分的證實了愛因斯坦的公式。不過由於通常情況下，這種效果是那麼微小，所以能夠先從理論上發現，然後再以實驗證實，確實是一件了不起的事。

如果速度夠快，這個修正效應在實驗上會變得非常大，非常明顯，但問題是此效應不是這樣發現的。因此，當初如何透過結合實驗與物理推論，而發掘出一個如此微妙的定律修正，的確是非常有意思的事。有好幾位人士對這項發現頗有貢獻，但是最後總其成的人是愛因斯坦。

愛因斯坦的相對論有前後兩個，這一章要討論的是狹義相對論（special theory of relativity），是愛因斯坦在1905年發表的。1915年，愛因斯坦發表了另外一套理論，稱爲廣義相對論（general theory of relativity）。稍後的這套理論，是把狹義相對論推廣到重力定律上去，我們在這一章不會討論廣義相對論。

最早談到相對性原理（relativity principle）的人是牛頓，在討論運動定律時提出以下的講法：「在一既定空間範圍內之各個物體，無論此空間係靜止狀態，抑或沿一直線以等速度運動，各個物體之相對運動皆相同。」這段話的意思是，如果有一艘太空船在太空中以等速度飄流，所有在太空船裡面進行的實驗，以及太空船裡面的一切物理現象，看起來都和太空船沒在移動一樣。當然這得有個條件，太空船內的觀測者不准往船外看。

這就是相對性原理的意義，是個相當簡單的觀念。唯一的問題是，是否**真的**這樣：在一個運動系統內所做的一切實驗，裡面的物理定律都看起來跟那個系統靜止不動時完全相同？

現在讓我們先看看牛頓定律在運動系統內看起來是否都一樣。假設那一個叫老莫的人，一直以等速度u朝著座標系x方向運動，如圖3-1所示，他測量某一個定點P的位置，發現P在x方向上的距離爲x'。另外一位先生老喬則站立著不動，也同時測量P的位置，並指明P在x方向上的距離爲x。他們兩位所用的座標系之間的關係，圖上畫得一目瞭然。我們假定這兩個座標系原來的原點重疊，經過一段t時間後，老莫座標系的原點已經移動了一個距離ut，則：

$$
\begin{aligned}
x' &= x - ut \\
y' &= y \\
z' &= z \\
t' &= t
\end{aligned}
\tag{3.2}
$$

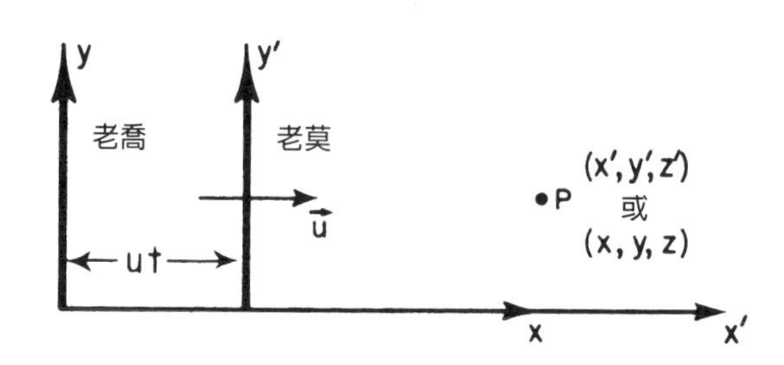

圖3-1　沿x軸以等速度相對運動的兩個座標系

如果我們把這些座標變換代入牛頓定律，就會發現，變換前後的牛頓定律沒有什麼不同。也就是說，牛頓定律的形式在運動系統中跟在靜止系統中一樣。所以我們不可能從力學實驗的結果，去區分座標系是否在移動。

這個相對性原理在力學上，已經被人使用經年，許多人都討論過，其中特別是荷蘭物理學家惠更斯（Christian Huygens, 1629-1695）。他當時爲了要找出撞球的碰撞法則，用了一個方法和我們在《費曼物理學講義I》第10章討論動量守恆時所用的方法相同。等到十九世紀，由於開始研究電、磁、光等物理現象，人們對相對性原理的興趣節節高升。很多人透過了一系列的實驗與推理來研究這些現象，最後導致著名的馬克士威電磁場方程式（Maxwell's equations of the electromagnetic field）。這一組方程式將電、磁、光的物理現象，整合成一個一致的系統。

不過這些方程式看來**不**遵守相對性原理。因爲如果我們把前面的(3.2)式代入馬克士威方程式，就會發現**方程式的形式不會維持一樣**。也就是說，一位處於運動中的太空船裡面的觀測者，所看到的光、電現象，跟另一位在靜止太空船中的觀測者所看到的情形不一樣。這麼一來，太空船裡的觀測者就應該可以利用他所見到的光、電現象，來測定他的太空船速率究竟是多少。

馬克士威方程式的結果之一是，如果電磁場中一處發生擾動，因而產生光，此光或電磁波必然會向所有方向射出去，而速率一概等於c，或相當於每秒186,000英里。

另一個結果則是，如果該擾動源本身在移動的話，射出去的光仍然是以c通過空間。這就類似於聲波的狀況：聲波的速度也和聲源的速度沒有關係。

由於光速與光源的運動無關，這就引起一個有趣的問題：

假定我們坐在一部車裡，車速是u。我們後方有一光源，光以光速c從車後射來，追過我們的車子。我們把(3.2)式中的第一式對時間微分，得到

$$dx'/dt = dx/dt - u$$

意思是說，根據伽利略變換，即(3.2)式，在車上的我們，若是去測量超越我們而過的光速，它應該不再是c，而是$c - u$。比方說，假定車速是每秒100,000英里，該光速由我們看來就應該是每秒86,000英里。無論如何，如果伽利略變換也適用於光的話，我們就可以經由測量超越我們而過的光速，來測定我們的車速。

許多人依據這樣的想法做了各式各樣的實驗，想測量出地球的速度來。結果他們全都失敗了，因為他們**量不出任何速度**。我們待會兒會仔細討論其中的一個實驗，說明這實驗是怎麼做的，什麼地方出現了什麼問題。當然，總有什麼東西出了問題，物理方程式總有地方出錯了。但到底是什麼呢？

3-2 勞侖茲變換

當人們知道物理方程式出了問題之後，大家最先的想法是毛病一定出在新的馬克士威方程式。那時候馬克士威方程式出現才20

年，所以它幾乎是明顯的不對！因此我們應該修改馬克士威方程式，好讓它們在伽利略變換之下，與相對性原理不再牴觸。當人們這麼做了之後，他們發現必須將一些新的項加到方程式中，但這些新的項會預測出實驗上並沒有看到的新電磁現象。所以這麼做是行不通的。

如此一來，人們逐漸看清馬克士威方程式的確是正確的，而麻煩是出在別的地方。

就在這個時候，荷蘭物理學家勞侖茲（Hendrik Antoon Lorentz, 1853-1928）注意到一件不尋常的妙事：如果把下列的變換代入馬克士威方程式中：

$$
\begin{aligned}
x' &= \frac{x - ut}{\sqrt{1 - u^2/c^2}} \\
y' &= y \\
z' &= z \\
t' &= \frac{t - ux/c^2}{\sqrt{1 - u^2/c^2}}
\end{aligned}
\tag{3.3}
$$

則馬克士威方程式在此變換下，形式仍然會保持不變！(3.3)式被稱為**勞侖茲變換**。

愛因斯坦依循著法國數學家龐卡赫（Henri Poincaré, 1854-1912）最初所提的建議，認為**一切物理定律在勞侖茲變換之下，都應該保持不變**。換言之，我們應該改正的不是電動力學定律，而是力學定律。

那麼我們又如何去改變牛頓定律，使**它們**能夠在勞侖茲變換之下，仍然保持不變呢？在這個目標確定之後，我們就只好試著去重寫牛頓方程式，使它們能夠符合我們所設的條件。結果我們發現，唯一需要更改的地方就是牛頓方程式裡的質量m，我們得用(3.1)式來取代m。這麼做了之後，牛頓定律跟電動力學定律就可和諧相處了。那麼，如果我們用勞侖茲變換來比較老莫跟老喬兩人的測量數據，我們將永遠無法知道兩人之中究竟是誰在移動，因爲在彼此的座標系內，所有方程式的形式皆相同。

我們很想瞭解以新的時空座標變換取代舊的變換究竟意義何在，因爲舊的（伽利略）變換似乎是不證自明的事，而新的（勞侖茲）變換看起來很奇怪。

我們想要知道，在邏輯上以及實驗上，這個新的變換是否可能是正確的。爲了揭開這個謎團，我們不能只是從力學裡去找答案，還得和愛因斯坦一樣，去分析我們對**時間**與**空間**的觀念。我們將必須相當詳細的討論這些想法與其在力學上的意涵；因此我們才能瞭解這新變換。

先把話說在前面，我們所花的功夫將會非常值得，因爲結果跟實驗正好吻合。

3-3 邁克生—毛立實驗

前面我提過，有不少人試圖去測定地球在假設的「以太」中的速度，以太照說應該是充滿在所有空間中的。在各種實驗裡面，邁克生（Albert A. Michelson, 1852-1931）跟毛立（Edward W. Morley,

1838-1923）兩位美國物理學家在1887年所做的實驗最爲著名。他們並沒有量出地球相對於以太的速度，這個結果要等到18年後，才被愛因斯坦解釋清楚。

邁克生—毛立實驗是利用一套如圖3-2所示的儀器來進行的。這套儀器的主要成分包括一個光源A、一塊部分鍍銀的玻璃片B、以及兩面鏡子C跟E，全都固定在一個牢固的架子上。兩面鏡子跟玻璃片B之間的距離同爲L，玻璃片B把從光源射來的光，分爲方向互相垂直的兩束光，各指向一面鏡子，經鏡子反射後又回到玻璃片B。在同回到玻璃片B的時候，這兩束光又再會合到了一塊，成爲疊加在一起的D光與F光。

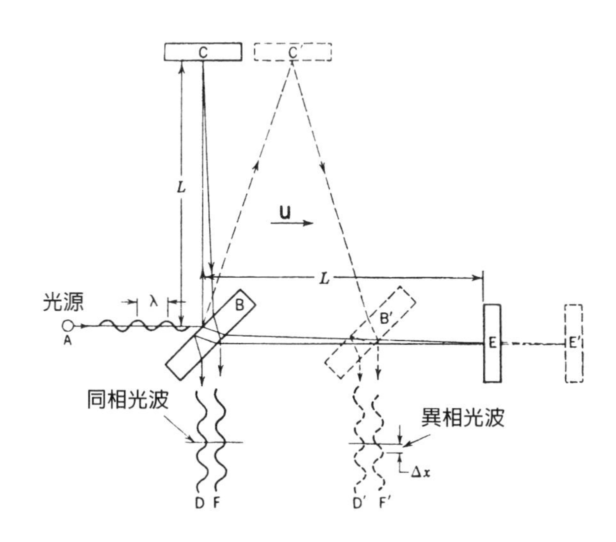

圖3-2　邁克生—毛立實驗的示意圖

如果光從B到E再回到B所花的時間，等於光從B到C再回到B的時間，則D光與F光，會因同相（in phase）而相互加強。但是若兩條路徑所用的時間有些微的不同，則D光與F光會因為相位稍微不同而發生干涉現象。如果這套儀器在以太中「靜止不動」的話，上述的兩段時間就應該剛好相等，但是如果儀器在以太中以速度u向右移動，那麼兩段時間就應該有所差別。現在讓我們看看原因何在。

首先讓我們算算看，光從B到E再回到B所用的時間是多少。假設這道光從B到E的旅行時間為t_1，而回頭旅行的時間為t_2，那麼當光在B到E之間行進的時候，整個儀器也位移了距離ut_1，因此光必須走過的距離不只是L，而應該是$L + ut_1$，此距離等於光速與時間t_1的乘積，於是

$$ct_1 = L + ut_1 \qquad t_1 = L/(c - u)$$

（如果認為光速對儀器的相對速度為$c - u$，則很顯然這個時間t_1應等於長度L除以$c - u$。）依照同樣的道理，我們也可以計算出t_2。由於在這段時間裡儀器往前走了ut_2，所以回程比較短，只有$L - ut_2$，於是

$$ct_2 = L - ut_2 \qquad t_2 = L/(c + u)$$

而總共用掉的時間是

$$t_1 + t_2 = 2Lc/(c^2 - u^2)$$

爲了以後方便比較不同的時間，我們通常把這個方程式寫作

$$t_1 + t_2 = \frac{2L/c}{1 - u^2/c^2} \tag{3.4}$$

我們接下來計算光從B點走到反光鏡C所需之時間t_3。就像前面所說的情況，在時間t_3內，鏡子C向右移動了ct_3距離而到達位置C'，光走的距離ct_3是一個直角三角形的斜邊BC'。從直角三角形的特性（畢氏定理），我們可以得到

$$(ct_3)^2 = L^2 + (ut_3)^2$$

或是

$$L^2 = c^2t_3^2 - u^2t_3^2 = (c^2 - u^2)t_3^2$$

由此我們得到

$$t_3 = L/\sqrt{c^2 - u^2}$$

我們可從圖中的對稱看出來，光從C'到B的回程距離應該也相同，所以回程時間也相同。因此來回總共的時間一共就是$2t_3$。我們再把方程式的形式略作調整，然後寫成

$$2t_3 = \frac{2L}{\sqrt{c^2 - u^2}} = \frac{2L/c}{\sqrt{1 - u^2/c^2}} \tag{3.5}$$

現在我們可以來比較兩束光各自花費的時間。在(3.4)式跟(3.5)

式裡，等號右邊的分子完全相同，此分子所代表的正是如果儀器靜止不動時，光旅行$2L$距離所需的時間。而在分母裡面的u^2/c^2項，除非u大到跟c差不多之外，一般情況之下都是非常小的。整個分母代表了儀器的運動對於光行進時間所造成的修正。請仔細看清楚，這兩項修正**並不相同**，雖然兩面鏡子跟B之間的距離相同，光束從B到C再回來所需的時間，比起光從B到E再回來的時間要少一些。

此處出現了一個小技術問題，那就是假如方向互相垂直的兩個距離L不是剛好相等的話，該怎麼辦？事實上，我們確實無法讓兩個距離L剛好相等。不過如果眞是這樣，我們只需要在做完一次測量之後，把儀器轉動90度，把BC改爲沿著儀器移動的方向，而BE換成與儀器移動方向垂直，再重複測量一次。我們要的是看兩次測量的干涉條紋（interference fringe）**移動**了多少，如此一來，兩個距離L相等的這個條件也就不再重要了。

當初做這實驗時，邁克生和毛立還特地把BE的方向調整得跟地球在軌道中的運動方向幾乎平行（每天白天跟夜間，各有一次特別時段可以辦到這點）。地球公轉的速度大約是每秒18英里，所以地球跟以太之間的相對速度，每天或一年之中，應該有某些時間至少有這個速度。而他們這套儀器的靈敏度，用來測量這種速度下所造成的效應，應該綽綽有餘。然而無論他們怎樣去測，都測量不出地球在以太之中的速度，實驗結果等於零。

邁克生—毛立實驗結果眞是令人非常困惑與不安。最先想出好辦法以打破僵局的人是勞侖茲。他提議物體在運動時會發生收縮

（contraction），而此收縮僅發生在運動方向上。如果物體原來靜止時的長度是L_0，則當它沿著長度方向以速度u移動時，會有個新長度，我們把新的長度叫做$L_{\|}$（唸作L平行），則它為

$$L_{\|} = L_0 \sqrt{1 - u^2/c^2} \tag{3.6}$$

如果將這項調整應用到邁克生—毛立的干涉儀器上，則B到鏡子C的距離沒變，但是B到E的距離縮短成$L\sqrt{1-u^2/c^2}$。因此(3.5)式維持不變，但(3.4)式中的L就必須改用(3.6)式，這麼一來便可得到

$$t_1 + t_2 = \frac{(2L/c)\sqrt{1 - u^2/c^2}}{1 - u^2/c^2} = \frac{2L/c}{\sqrt{1 - u^2/c^2}} \tag{3.7}$$

把這個式子與(3.5)式比較，我們就能得到$t_1 + t_2 = 2t_3$。所以如果所用的儀器眞是依照上述方式縮短了的話，我們就瞭解了，為何邁克生—毛立的實驗測量不出任何效應來。

雖然這個收縮假說非常成功的解釋了為何實驗結果未如預期，但是也引起許多反對意見。反對者認為它只是特地發明來解決上述的困難而已，人工味太重。但是在其他尋找以太的不同實驗裡，也全都遇到類似的問題，因此大自然似乎有某種「陰謀」要來阻撓人類，它引入了某種新現象，能夠消解一切人們認為可以用來測量u的現象。

最後人們瞭解到，正如龐卡赫所指出的：**這整個陰謀本身就是一個自然律**！他接下來提議：這個自然律就是不讓**任何**實驗發現以太。換句話說，我們無法測量出絕對速度。

3-4 時間的變換

就在檢驗長度收縮的想法是否和其他實驗結果相符之時，人們發現如果時間也依據(3.3)式中第4個方程式的方式來修正，則一切就正確無誤。理由是光束從B到C再回到B的時間t_3，如果由一位在運動中的太空船中做此實驗的人來計算，其所得的結果會和另一位在太空船外的靜止觀測者所算得的t_3不相同。對於船上人員來說，$t_3 = 2L/c$，但是對另一位的觀測者來說，$t_3 = (2L/c)/\sqrt{1-u^2/c^2}$（見3.5式）。換句話說，當太空船外的觀測者看著船內的人點雪茄，他所看到的一切動作看起來會比正常步調要來得慢些，但是對於船內的人來說，一切都還是以正常的步調運動。所以，不只是長度必須收縮，船上的計時器（時鐘）也必須明顯慢下來。也就是說，當太空船上的時鐘記錄了一秒鐘的時間，即船上的人經歷了一秒鐘時間，由船外人員看來，卻是過了$1/\sqrt{1-u^2/c^2}$秒。

運動系統中的時鐘會慢下來，這確實是非常怪異的現象，值得提出合理的解釋。爲了要瞭解這個現象，我們必須去注意時鐘的機械結構，並弄清楚當它在運動時，到底發生了什麼事。由於這麼做相當困難，我們將選用一個非常簡單的鐘。事實上，我們所選用的是相當可笑的一種鐘，不過原理上應屬可行。它是一根米尺，兩端各裝有一面鏡子。當我們在鏡子之間閃了一下光訊號，光就會在這兩面鏡子之間上下來回穿梭。每回它往下走，就會像一般標準時鐘一樣，滴答一次。

我們建造兩具長度完全相同的這種時鐘，然後同時讓它們啓動。由於兩面鏡子之間的距離相同，而光速又固定是c，因此啓動之後，兩具時鐘永遠同步。我們把其中一具交給一位先生，帶上他的太空船，他把這根尺狀時鐘掛起來，尺的方向與太空船移動的方向垂直，這麼一來尺的長度就不會改變。那麼我們如何知道在這垂直方向，長度就不會改變呢？我們可以要兩位觀測者同意，在他們交錯經過時，兩人各自按照己方米尺的高度，在對方的y座標軸上同時畫一個記號。根據對稱律，兩個記號應該高度一致，也就是有相同的y座標與y' 座標。如果不是這樣，以後他們相互比較結果時，就會發現一個記號比另一個記號要來得更高或更低，這樣不就透露出誰眞的在移動了嗎？但這跟相對性原理的基本假設不符合，所以y'必須等於y。

現在我們來看看，移動中的時鐘會發生什麼事。在那位先生攜帶時鐘上太空船之前，他認爲這個鐘的確不錯，是一具標準好鐘。而且在他啓程之後，也沒有覺得這個鐘有任何異狀。因爲如果他能夠感覺出異狀，就會知道自己在移動：如果任何一件事會因爲太空船的運動而有所改變，那麼他便知道是自己在運動。但是相對性原理告訴我們，在等速運動系統內，此事絕對不可能發生，所以太空船內一切都沒有改變。

但是另一方面，當太空船外的觀測者望著太空船裡的時鐘經過，他會看到光在鏡子之間來回，走的「確實」是鋸齒狀的路徑，當然這是因爲時鐘橫向位移的緣故。我們已經在討論邁克生——毛立實驗時，分析過鋸齒狀運動。

從圖3-3(c)可看出來，如果光鐘在某一段時間內所走的距離和u成正比，而光在同一段時間內所走的距離和c成正比，那麼垂直距離便會和$\sqrt{c^2-u^2}$成正比。

因此：在運動的光鐘內，光走一個來回的時間，要比光在靜止中的時鐘內來回一次的時間**長了一些**。但究竟長多少呢？

兩者之比就等於圖3-3(c)中三角形斜邊長（這就是爲何方程式中會出現開根號）與高之比。

我們也可以從圖很明顯的看出，u愈大，移動中的時鐘看來走得愈慢。並不是只有這種特殊的時鐘看起來走得較慢而已，只要相對論是正確的，任何其他式樣的時鐘，無論它運作的原理是什麼，看起來都會走得較慢。並且慢下來的比例，大家全部一樣。而且我們不必進一步分析就知道是這樣，爲什麼呢？

爲了答覆上面的問題，假設我們改換別的方法，用齒輪零件、或利用放射性衰變、或是任何其他原理，另外製造出一對同樣的時鐘來。然後我們把它們調整得跟原來兩具光鐘完全同步。也就是說，當光在光鐘內走了一個來回而滴答一聲的時候，這兩具新時鐘裡也如期完成了某種循環，同時放出一記閃光、或一聲敲打、或任何訊號。我們把一具新時鐘送上太空船，跟原有的光鐘放置在一塊兒。大家會想，**這具**不用光的時鐘說不定不會走得比較慢，而會和靜止的鐘同步，如此一來，太空船上新的鐘就會和光鐘不一致了，但事實上，這樣的事不會發生，因爲如果船上的兩個鐘走得不一樣快，太空船上的人就可以從兩只時鐘的差別，計算出太空船的速率來。而我們已經假設這是不可能的。所以說，**我們根本不需要知道**

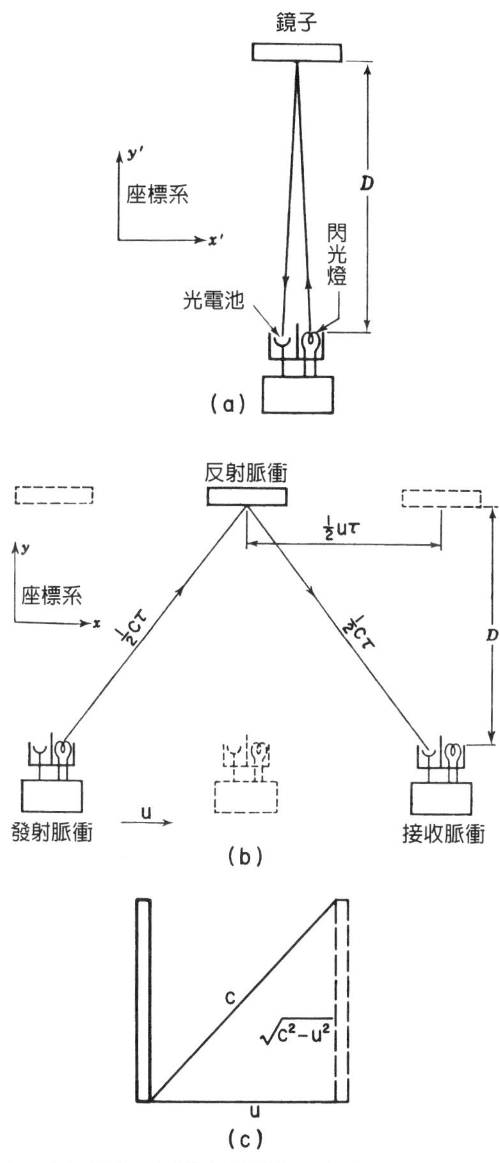

圖3-3 (a) 在S'座標系內，呈靜止狀態的「光時鐘」。
(b) 同一具時鐘，在S座標系內通過。
(c) 移動中的「光時鐘」內，光所走的斜路徑示意圖。

讓新時鐘慢下來的**機制**，我們就是知道無論原因何在，反正它是一定得慢下來，就和光鐘一樣。

既然**所有**運動中的鐘都會走得比較慢，而且我們所能測量的只是鐘慢下來的程度，那麼我們何不就說，就某個意義而言，在太空船內，**時間本身**看起來是慢下來了。一切現象，包括人的脈搏、他的思考過程、他點一根雪茄所用的時間、發育成長的時間、老化的時間等等，所有這些事情全都必須以同樣的比例慢下來，就因爲他無法覺察自己是否在運動。

生物學家跟醫師有時會說，他們不是很確定，在太空船裡面，形成癌症的時間是否會比在地球上長久一些。但是從近代物理學家的觀點來看，這幾乎是個定局，否則我們就可以利用癌症的發展速率來決定太空船的速率。

有一個非常有趣、由於運動所造成時間慢下來的例子，主角是緲子。這種粒子從誕生之後、到自發衰變前，平均的壽命只有2.2×10^{-6}秒。它們跟著宇宙射線來到地球，也可以在實驗室內以人工方式製造出來。一部分緲子會在半空中衰變，剩下來的只有在碰撞到一塊物質停止下來之後，才發生衰變。由於它的壽命極短，緲子不可能跑得很遠，即使它以光速移動，在誕生之後，大多數緲子所能跑的距離，比600公尺多不了太多。但是雖然緲子在大氣層頂端被創造出來，離地面大約有10來公里，但是我們仍然可以在實驗室中，從宇宙射線裡發現到它的行蹤。這怎麼可能呢？

答案是，各種緲子有不同的速度，有些的速度非常接近光速。這些高速緲子雖然以它們自己的觀點來看，只不過活了百萬分之二秒而已，但是在我們看來，它可是活得更長得多了，長到有足夠時間跑到地面上來。我們在前面已經證明，時間增長的比例因子是 $1/\sqrt{1-u^2/c^2}$。人們已經相當精準的量出緲子在各種速率下的壽命，所得到的數值與公式的預測相當一致。

我們不知道爲什麼緲子會衰變，也不知道它的衰變機制，但是我們知道它的行爲符合相對性原理。這也就是相對性原理的用處：我們可以用它來做推測，甚至對於一些我們所知甚少的東西預測出其某些性質來。就拿同一個例子，在我們對緲子的衰變原因有絲毫概念之前，仍然可以預期當緲子的速度到達光速的十分之九時，它的平均壽命在我們看起來，應該等於 $(2.2\times10^{-6})/\sqrt{1-9^2/10^2}$ 秒，而此預測是正確的。這就是相對論的妙處！

3-5　勞侖茲收縮

現在讓我們再回到勞侖茲變換(3.3)式，想法子多瞭解一些兩個座標系 (x, y, z, t) 與 (x', y', z', t') 之間的關係，以下我們就稱這兩個座標系爲 S 座標系與 S' 座標系，或是老喬的座標系與老莫的座標系。我們已經解釋過，勞侖茲座標變換的第一式是根據勞侖茲物體在 x 方向上會收縮的建議，但我們如何證明收縮確實發生了呢？

在邁克生－毛立的實驗裡，基於相對性原理，我們已曉得**與運動方向垂直**的儀器臂 BC 長度不可能改變。但是實驗並未能量出地球的速度，所以**時間**必須相等，即 $2t_3$ 必須等於 t_1+t_2，因此儀器的縱向臂 BE 必須看起來短些才行。短了多少呢？我們得把原先的長

度乘上一個平方根 $\sqrt{1-u^2/c^2}$。那麼拿老喬跟老莫分別測量出來的數據來說，這項收縮的意義又安在呢？

假如老莫是跟著 S' 座標系沿著 x 軸方向移動，他用一把米尺去測量一個點的 x' 軸座標，他從該點在 x' 軸上的投影處量起，直到 S' 座標系的原點，一共把尺放下了 x' 次，所以他認爲距離是 x' 公尺。但是在 S 座標系中的老喬看來，老莫用的是一把縮短的尺，所以「眞正」的距離，其實只有 $x'\sqrt{1-u^2/c^2}$ 公尺。所以如果 S' 座標系的原點已經位移到離開 S 座標系原點 ut 距離時，S 座標系中的觀測員老喬，以他的 S 座標系來測量同一點的話，所量出的數值 x 就等於 $x'\sqrt{1-u^2/c^2}+ut$，或寫成

$$x' = \frac{x - ut}{\sqrt{1 - u^2/c^2}}$$

而這就是勞侖茲變換的第一個方程式。

3-6　同時性

由於不同座標系會有不同的時間尺度，我們也基於類似上述的方式，把一個分母加到勞侖茲變換的第四個方程式裡。不過這個方程式中最有趣的一項是分子中的 ux/c^2，因爲它相當新穎，也出人意料之外。那麼這一項有什麼意義呢？

如果我們把事情看清楚，就會體認到：如果在 S' 座標系內的老莫看到有兩件事同時在兩個地方發生，則對於在 S 座標系內的老喬

而言，這兩件事並**不是**同時發生的。

譬如說，如果有一事件於時間t_0發生在點x_1處，另一事也在時間t_0發生於x_2處（它們同時發生），那麼在S'座標系中，這兩事件所發生的時間t'_1與t'_2兩者之差是

$$t'_2 - t'_1 = \frac{u(x_1 - x_2)/c^2}{\sqrt{1 - u^2/c^2}}$$

這樣的情況就叫做「相隔一段距離時，同時性（simultaneity）失效」。爲了進一步釐清這個觀念，我們來考慮下面這個實驗。

設若一位太空船上（S'座標系）的先生，把兩只時鐘一前一後放在太空船艙的兩頭，他想要確認這兩個鐘是同步的，那麼他該怎麼辦呢？辦法有好幾個，其中一個不太需要計算的方法是首先找到那兩只時鐘之間確實的中間點，然後讓這個中間點發出光訊號，很清楚的，此光訊號理將會同時到達那兩只時鐘，這個同時到達兩只鐘的訊號就可以用來讓這兩只鐘同步。

假設S'座標系的那位先生採用了上述的方法，讓他那兩只鐘同步的運行了。但是我們來看一下，對於S座標系內的觀測員來說，那兩只鐘是否眞的是同步了呢？

S'座標系的那位先生當然有權相信兩只鐘的確是如此，因爲他不知道自己在運動。但是S座標系內的觀測員卻會認爲既然太空船在往前進，船前方的鐘對於光訊號來說，是退著走，所以光必須多走些路程才能追得上；但是船尾的鐘卻是迎向訊號而進，所以光所走的距離比較短。因此光會先碰上船尾的鐘，然後再碰上船頭的

鐘。可是S'中的人卻會認爲光是同時抵達的。

所以我們瞭解到，當坐在太空船裡的人，認爲在他座標系中兩個地方同時發生的事情，在其他座標系內卻會對應到**不同**的時間！

3-7 四維向量

讓我們再看看，從勞侖茲變換中還可以發現些什麼。我們注意到一件滿有趣的事，那就是在勞侖茲變換中，x與t的變換關係，跟第1堂課〈向量〉中討論過的座標旋轉變換中x與y軸的關係，有些相似之處。我們那時有

$$\begin{aligned} x' &= x\cos\theta + y\sin\theta \\ y' &= y\cos\theta - x\sin\theta \end{aligned} \tag{3.8}$$

在這兩個式子中，新的x'是由舊的x跟y混合起來而成，新的y'也是由舊的x跟y所混成的。同樣的，在勞侖茲變換中，新的x'是由舊的x跟t混合起來，而新的t'也是x跟t的混合。所以勞侖茲變換就類似於一種旋轉，只不過它是在**時間**與**空間**中的「旋轉」。

這看起來是一個非常奇怪的概念。我們用勞侖茲變換來計算以下的量，便可以檢驗勞侖茲變換與旋轉變換的相似性：

$$x'^2 + y'^2 + z'^2 - c^2t'^2 = x^2 + y^2 + z^2 - c^2t^2 \tag{3.9}$$

在這個式子裡面，等號兩邊的前三項之和，在幾何學裡，代表三維空間裡的一點到原點距離的平方。這個量（距離平方）在座標軸的

任意旋轉之下，仍然會維持不變。與此相類似的，(3.9)式顯示了當我們把時間包括進來之後，存在著某種空間座標與時間 t 的組合在勞侖茲變換仍保持不變。所以勞侖茲變換與旋轉變換的類比是完全可以成立的，我們由此類比也看到了（四維）向量（其「分量」在勞侖茲變換之下與座標 x 、y 、z 以及時間 t 有相同的變換關係）在相對論中，也是很有用的東西。

所以我們想要擴充向量的概念，把時間分量包括進來（之前我們只考慮了只有空間分量的向量），也就是說，向量會有四個分量。其中有三個分量和普通向量的分量一樣，多出來的第四個分量，則和時間類似。

我們將在下一章進一步分析這個概念，屆時將把這個概念應用到動量上。結果我們發現在勞侖茲變換之下，有三個類似一般動量分量的空間部分，以及第四個分量，即時間部分，它代表**能量**。

3-8　相對論性動力學

現在一切就緒，可以更一般性的去探討力學諸定律在勞侖茲變換之下會有什麼形式。（上面幾節裡，我們解釋了長度跟時間如何變化，但是還沒有講到如何得到質量 m 之修正公式(3.1)式，這段故事會在下一章出現。）

爲了理解愛因斯坦修正了牛頓力學裡的 m 之後所產生的後果，我們就從牛頓第二定律說起：力是動量的變化率，也就是

$$\mathbf{F} = d(m\mathbf{v})/dt$$

動量還是mv。但是當我們換用新的質量m，動量就變成了

$$\mathbf{p} = m\mathbf{v} = \frac{m_0\mathbf{v}}{\sqrt{1 - v^2/c^2}} \tag{3.10}$$

這就是愛因斯坦對牛頓定律的修正。在這樣子的修正下，如果作用力與反作用力仍然相等（可能在細節上，它們不見得處處都一定得相等，但是從長遠看來，它們仍然相等），那麼依舊有一如以往的動量守恆，只是守恆量不再是以前質量固定的$m\mathbf{v}$，而是(3.10)式所示有著修正質量的量。當我們把這項改變加進動量公式之後，動量依然守恆。

其次我們來看看，動量如何隨著速率改變。在牛頓力學中，它跟速率成正比。而根據(3.10)式，只要速率比光速小很多，則當速率落在一大段的範圍內，無論其大小爲何，相對論性的動量幾乎都和速率成正比，因爲公式裡的分母跟1幾乎沒有分別。然而一旦v接近c時，那個根號裡面的數值就會趨近於零，而動量就會趨向於無限大。

如果一個固定的力，長期作用於某一物體，結果會怎樣呢？依據牛頓力學，物體的速度會不斷的增加，直到超過光速。但是在相對論性力學裡，這是不可能的事情。在相對論裡，物體不斷得到的不是速率，而是動量。動量可以不停的增加，就因爲質量可以不停的增加。過了一陣子之後，物體基本上已不再加速，但動量仍可繼續增加。

當然，每當有個力只能讓某一物體的速度有些微變化時，我們會說這物體具有很大的質量，而這正是相對論質量公式(3.10)式所說明的情形：當速率v很接近c時，質量就變得非常大。

舉一個這效應的例子：在加州理工學院的同步加速器裡面，為了要讓高速電子轉彎，我們得用一個非常強大的磁場，比我們用牛頓定律所估計的強度，要大上2,000倍。換句話說，在那樣的高速下，同步加速器裡電子的質量，已經變成了平常電子質量的2,000倍，跟質子的靜質量不相上下！

當電子的質量m變成了原先m_0的2,000倍，意思就是$1 - v^2/c^2$必須等於1/4,000,000，即v^2/c^2與1的區別只有4,000,000分之一，也就是v跟c之間的差別只有光速的8,000,000分之一。所以加速器裡面的電子速率，已經非常接近光速了。如果我們讓那些高速電子與光同時衝出同步加速器，跑到約700英尺之外的實驗室，誰會先到呢？當然是光先到啦！因為沒有任何東西比光跑得更快，不是嗎？★

那麼光快了多少呢？時間上實在太短，很難說得清楚。我們就用光所領先的距離來說明：當光到達時，電子距離終點約還有千分之一英寸，或是等於一張紙厚度的1/4而已！當然在真空中，光是速率的極致，是永遠絕對的冠軍！當電子跑得那麼快時，它們的質量變得非常大，但是其速率仍不能超越光速。

接著我們還要進一步看看，質量出現相對論性變化的後果。考

★原注：事實上，由於空氣的折射率的緣故，電子會比可見光跑得快一些，不過還跑不過γ射線。

慮一小罐氣體中分子的運動情形。當氣體被加熱時，分子的運動速率會加快，因而它們的質量會增加，結果氣體會變重了一些。在速度不是太大的情況下，我們可用一個近似公式來計算增加的質量，它是利用二項式定理把$m_0/\sqrt{1-v^2/c^2}=m_0(1-v^2/c^2)^{-1/2}$展開成一個冪級數

$$m_0(1-v^2/c^2)^{-1/2}=m_0(1+\tfrac{1}{2}v^2/c^2+\tfrac{3}{8}v^4/c^4+\cdots\cdots)$$

我們可以很容易看出來，在v很小時，此冪級數收斂得非常快，第三項以後就可因太小而忽略。所以我們只取最前面兩項，也就是

$$m\cong m_0+\tfrac{1}{2}m_0v^2\left(\frac{1}{c^2}\right)\tag{3.11}$$

上式右手邊的第二項，很明顯的代表分子因爲速率加快而增加的質量。當溫度上升，v^2也就隨著按比例增高，所以我們可以說質量的增加和溫度的增加成正比。

由於$\frac{1}{2}m_0v^2$在傳統牛頓力學中就是動能（K.E），所以我們也可以說容器裡氣體質量的增加，等於其中全部動能的增加除以c^2，或是$\Delta m=\Delta(\text{K.E.})/c^2$。

3-9 質能等效

以上這項觀察讓愛因斯坦想到，假設物體的質量等於總能量除以c^2，那麼物體的質量就有可能以比(3.1)式更簡單的形式來表示。如果我們把(3.11)式乘以c^2，結果是

$$mc^2 = m_0c^2 + \tfrac{1}{2}m_0v^2 + \cdots\cdots \tag{3.12}$$

這個式子的左邊代表一個物體的全部能量，而右邊第二項我們已經知道它就是一般的動能。剩下的一項m_0c^2是一個很大的定值，愛因斯坦把它解釋爲物體全部能量中的內能（intrinsic energy），一般稱它爲「靜能」（rest energy）。

現在我們來看看愛因斯坦所提出的**物體的能量永遠等於**mc^2這一項假設會有什麼後果。一項有趣的結果就是(3.1)式，它告訴我們質量如何隨著速率而變化。這個公式，至目前爲止，我們還只是將它當成假設而已。以下就是它的證明。

我們先從靜止的物體開始，它的能量等於m_0c^2。然後我們施加一個力於其上，使它開始運動，給了它動能。由此既然總能量增加了，質量也會加大，原本的假設就隱含著這個意思。只要力對它不斷作用，能量與質量都會繼續增加。我們在《費曼物理學講義I》第13章看過，能量隨時間的變化率等於力乘以速度

$$\frac{dE}{dt} = \mathbf{F} \cdot \mathbf{v} \tag{3.13}$$

我們也知道$F = d(mv)/dt$（《費曼物理學講義I》第9章的(9.1)式）。當我們把這些關係式與E的定義代入(3.13)式，就得到

$$\frac{d(mc^2)}{dt} = \mathbf{v} \cdot \frac{d(m\mathbf{v})}{dt} \tag{3.14}$$

我們希望從這個方程式求得m。爲了達成這個目的，我們可以使用

一個數學技巧，就是把方程式兩邊都乘以$2m$，於是

$$c^2(2m)\frac{dm}{dt} = 2mv\frac{d(mv)}{dt} \tag{3.15}$$

我們需要去掉上式中的導數，我們只要把兩邊對時間積分就可以去掉導數。式中 $(2m)\ dm/dt$是m^2的時間導數，而$2m\mathbf{v} \cdot d(m\mathbf{v})/dt$就是$(mv)^2$的時間導數，所以(3.15)式就成爲

$$c^2\frac{d(m^2)}{dt} = \frac{d(m^2v^2)}{dt} \tag{3.16}$$

如果兩個量的導數相等，則這兩個量，至多相差一個常數C，因此

$$m^2c^2 = m^2v^2 + C \tag{3.17}$$

我們需要更明確的定義出常數C。因爲(3.17)式必須在任何速度之下皆成立，我們便可以選擇一個特例，那就是$v = 0$，這時的質量等於m_0。把這兩個值代入(3.17)式後，就得到

$$m_0^2c^2 = 0 + C$$

把上面的C值代入(3.17)式，我們得到

$$m^2c^2 = m^2v^2 + m_0^2c^2 \tag{3.18}$$

兩邊除以c^2，並重新整理一下可得

$$m^2(1 - v^2/c^2) = m_0^2$$

所以

$$m = m_0/\sqrt{1 - v^2/c^2} \tag{3.19}$$

這就是(3.1)式，並且也就是(3.12)式中，質能關係之所以能夠成立的必要基礎。

在一般情況下，能量變化不大，因此質量的變化極爲細微，因爲我們通常無法從定量的材料產生出太多的能量來。但是如果是一枚相當於20,000噸黃色炸藥的原子彈，在它爆炸後，餘留下的物質比爆炸前反應物質的質量還少了1公克，因爲原子彈釋出了能量；也就是說，根據$\Delta E = \Delta(mc^2)$這個關係，釋出的能量具有1公克的質量。

這個質能等效（equivalence of mass and energy）理論，更被各種牽涉到物質湮滅（質量全部轉變爲能量）的實驗所漂亮的證實了。譬如說，電子遇見正子就是個絕佳的例子。它們在靜止時，各具有靜質量m_0，相逢之後它們就衰變消失，但同時出現了兩個γ射線。這γ射線的能量，經測量剛好各爲m_0c^2。這樣的實驗讓我們能夠直接測量出一個粒子由於具有靜質量而隨附來的能量。

第4堂課

相對論性能量與動量

因此我們就有了一個新觀念：

一個粒子的全部能量，

等於運動中的質量乘以 c^2；

如果粒子靜止不動，

能量就等於靜質量乘以 c^2。

4-1　相對論與哲學家們

我們將在這一章繼續討論愛因斯坦和龐卡赫（見第95頁）的相對性原理，因爲它對我們的物理觀念，乃至人們於科學外的各種思維，影響匪淺。對於相對性原理，龐卡赫曾經提出如下的說法：「根據相對性原理，對於一位固定不動的觀測者以及另一位以等速運動的觀測者來說，描述物理現象的定律必須是完全相同的；所以我們不會有、也不可能有任何方法，可以用來決定我們是否在等速運動。」

這個觀念發表之後，在哲學家間引起非常大的騷動，尤其是那些所謂「雞尾酒會哲學家們」，他們說：「啊！這個簡單。愛因斯坦的理論說一切都是相對的。」事實上，很多哲學家（其數目之多令人驚訝）——不僅是那些出現在雞尾酒會的哲學家（我們爲了不讓他們覺得困窘，就只稱他們爲「雞尾酒會哲學家」），會說：「愛因斯坦理論的結論是一切都是相對的，這個結論對我們的觀念產生了非常重大的影響。」除此之外，他們還說：「物理學上已經證明，每個人見到的所有現象取決於自己的參考系。」

我們經常聽到他們這樣說，但是很難弄清楚這些話的意思。或許他們所說的參考系指的就是我們用來分析相對論的座標系，所以「事情取決於你的參考系」這件事情，依他們的說法，已經對當代思想產生深刻的效應。有人或許會覺得奇怪，因爲不管怎麼說，事情取決於各人的觀點這件事只是一項非常簡單的觀念，顯然不必大費周章，需要繞一大圈子藉由物理學的相對論來發現。因爲人之所見，各有不同，是走在馬路上的每位行人都熟悉的現象。迎面而來的路人，我們都是只能先瞧見對方的正面模樣，等雙方交錯而過之後，再回頭看對方，就只能看到對方的背影了。換句話說，哲學家所稱源自相對論的哲學，其實並不比「一個人從前面看和從後面看不一樣」的講法高明多少。就這些哲學家的觀點來看，瞎子摸象的老故事（也就是每個人只會摸到大象的一部分，因此對於大象的描述都不一樣），或許也可以算是相對論的另一個例子。

當然在相對論中，總有比「一個人前後看來有區別」還更爲深奧的東西吧？相對論的確比這樣的說法還要來得深奧，因爲**我們確實能夠依據相對論來推測出一些事情**。若是物理學家也可以只利用哲學家上述那麼簡單的看法，就能預測出自然的行爲，那就相當不可思議了。

另外還有一群哲學家，則是對相對論由衷覺得非常不自在，因爲相對論主張：要是我們不往外看別的東西，就一定無法測定自己的絕對速度。他們對此的反應是：「不往外看當然就沒辦法測量出絕對速度來，這根本就是一件不證自明的事！不跟外邊做比較，而硬要去談論它的速度，根本就**毫無意義**。以前的物理學家沒有這麼想，的確是相當愚蠢。現在總算開了竅。我們哲學家，當初要是知道這種事居然也困擾著物理學家的話，只消用點智慧，立即就能告訴他們：若非往外邊看看，一個人絕不可能知道他自己移動得有多快。眞可惜！我們原本對物理可以有重大貢獻！」

這類哲學家經常出沒在我們附近，在旁邊不停的想告訴我們一些事情，但是他們從來就沒有弄清楚問題的微妙以及深奧之處。

我們無法偵測出絕對運動這件事並不是單憑思考就可以知道的，而是**實驗**的結果。我們能夠很容易的說明這一點。首先，牛頓相信一個人如果以等速度在一直線上運動，則他將無法知道自己的速度有多快。

事實上在上一章裡，我們就引述過牛頓這個說法，所以牛頓是第一位寫下相對性原理的人。然而奇怪的是，牛頓提出這個說法的時候，爲什麼當時的哲學家並沒有大談什麼「一切皆相對」這回事呢？原因是我們得一直等到馬克士威發展出電動力學理論以後，方才出現了一些似乎在說我們**可以**不往外看就測出自己速度來的物理定律；但是人們卻很快發現**無法**在**實驗**上做到這一點。

我們現在要問，在不往外看的情況下，不能夠知道自己運動的速度，在哲學上**是否**絕對**必要**呢？有一項衍生自相對論的哲學發展，內容是說：「唯有能夠量度的東西，才能夠清楚定義！既然我們不去看所測量的速度究竟是相對什麼而言，我們當然就量不出什麼速度了，所以絕對速度是毫無**意義**的。物理學家應該瞭解，他們只應該談論能夠測量的東西。」

但**這也就是整個問題癥結所在**：一個人是否**能定義**絕對速度，其實跟他能否不向外看、而能**從實驗裡偵測出**自己是否在移動，是同一個問題。換句話說，一件事物是否可以測量，絕對不是光憑思維就可以決定，而是必須經過實驗才能下結論。

就拿光速等於每秒186,000英里這個事實來講，我們找不到什麼哲學家會冷靜的說，以下的事是不證自明的：如果在一部車裡，光的速度是每秒186,000英里，而車子本身的速度是每秒100,000英里，那麼同一束光在經過站在地面上的觀測者時，觀測者所測量到的速度仍然是每秒186,000英里。

這對於哲學家來說，簡直匪夷所思，當你把一件明確的事實告訴了他們，那些宣稱一切都很明顯的哲學家會發現這其實一點也不明顯。

最後，甚至還有一套哲學說：除了往外看之外，人不可能探測到**任何**運動。這個說法就物理學來說是不正確的。不錯！我們確實感覺不出**直線等速**運動，但如果是整間屋子在**旋轉**的話，我們當然會知道，因爲屋子裡每個人都會被甩到牆上去，此外還有各種「離心」效應。我們無須去仰觀天象，就可以知道地球正繞著一根軸在自轉，譬如說，我們利用所謂的傅科擺就可以探測出來。

因此，「一切都是相對的」事實上並不正確。在不往外看的條件下，只有**等速度**測不出來，圍繞著一根固定軸的等速**旋轉**運動則**可以**測出來。當我們把這件事解釋給一位哲學家聽過後，他非常懊惱自己無法眞正瞭解這些東西，因爲對他來說，不往外看而能知道繞著軸旋轉的情況是不可能的事。如果這是一位夠好的哲學家，過了一陣子後，他可能會回來跟我們說：「我想通了，我們的確沒有絕對旋轉這回事，我們其實是**相對於星星**在旋轉。而且一定是天上的星星發出來某種力量，對一切物體產生了影響，造成了所謂的離心力。」

他這個說法，就事論事，以我們所知範圍，還沒法說他不對。因爲我們目前尚無法知道，如果沒有恆星和星雲在場，離心力是否仍然會存在。我們不可能把天上所有的星球都移走之後，才去測量我們的旋轉運動，所以我們的確是不知道。我們必須承認，這位哲學家的論調有可能是對的。因此他會高興的回來對我們說：「世界絕對有必要最終是這個樣子的：**絕對的**旋轉運動不具有任何意義，它只是**相對於**星雲而存在。」

於是我們只有問他：「如此說來，請教您，那麼**相對於星雲**的等速直線運動，是否也顯然應該在車內不會產生任何效應呢？或者並不顯然必須如此呢？」既然這種運動不是絕對的，而是相對於星雲的運動。這個問題便成爲玄奧的問題，成爲一個只有依賴實驗才能回答的問題。

這麼一來，相對論又**有**哪些哲學上的影響呢？如果我們把答案局限在只談相對性原理讓物理學家獲得了何種**新觀念和新啓示**的話，我們可以分別敘述其中一些如下。

第一件發現是，基本上，即使是人們長久以來認爲絕無問題、並且已經非常精準的被證實了的一些觀念，仍有可能是錯誤的。數百年來屹立不搖、看似正確無誤的牛頓定律，居然是錯的，確實是令人震驚的發現。當然事實已經很明白，以往的實驗並非有什麼不對，而是它們只涉及了某一有限範圍內的速度，這些速度太小，以致於相對論性效應不夠明顯。現在我們總算是對物理定律抱持比較謙虛的態度——每件事都**可能**出錯！

第二件事是如今我們有了一套「怪異」的觀念，例如一個人在移動時，他的時間會慢下來之類。我們主觀上**喜不喜歡**這些觀念並不重要，唯一重要的問題是這些觀念是否與實驗結果相符合。換句話說，這些「怪異觀念」只要跟**實驗**一致，就能成立。我們之前不勝其煩的討論時鐘行爲，不外乎是想證明，雖說時間膨脹（time dilation）這個概念非常奇怪，但它的確跟我們測量時間的方法，完全**不衝突**。

最後還有第三樣啓示，它雖然稍微技術性一些，但對我們研討其他物理定律，用途非常大，那就是我們應**注意定律的對稱性**。更確切的說法，就是去尋找一些物理定律變換方式，當定律循著這些方式做變換之後，定律的形式不會因而產生變化。先前在討論向量理論的時候，我們注意到如果旋轉了座標系，基本運動定律並不會改變。現在我們又知道如果依照勞侖茲變換來改變空間與時間變數，則基本運動定律也同樣不會改變。所以，一個很有用的想法是去研究那些使得基本定律維持不變的操作或模式。

4-2　孿生子弔詭

現在回到勞侖茲變換與相對論性效應的討論上，我們來談一個著名的所謂彼得與保羅的「孿生子弔詭」（twin paradox）。彼得與保羅是一對雙胞胎兄弟，當他們大到能夠駕駛太空船之後，一天保羅駕船以極快的速率離去。留下來待在地面上的彼得，看到保羅的速率實在非常快，不但使得保羅的時鐘看起來慢了下來，連帶他的心跳、他的思想，乃至他周遭的一切，全都慢了下來。

當然這只是在地面上彼得看到保羅的情形，太空船內的保羅並不會注意到什麼不尋常的事情。

但是如果保羅四處旅遊，在外太空待了一陣子之後才回來，他將會比地面上的彼得年輕些！這是眞的，這個現象是已經證明成立的相對論的結果之一。就如同我們以前曾提到過的緲子，在高速運動時壽命會增長一樣，運動中的保羅也同樣會活得久些。

對於那些認爲相對性原理意指**一切運動**都是相對的人而言，這樣的現象才可說是「詭論」，他們會說：「嘿、嘿、嘿！從保羅的立場來看，我們難道不是也可以說，運動的人是**彼得**而不是保羅，所以彼得看起來會老得較慢。依據對稱原理，唯一可能的結果是兄弟倆再見面的時候，年齡應該依然相同。」

爲了讓兄弟二人又能聚在一起來比較一下，保羅必須在旅程終點停止下來，想法子比較他們的時鐘，或者更簡單的辦法是保羅調頭，再飛回來跟彼得會合。那麼兩人之中必須轉回頭的那一位，一定是本來在運動的人，而他一定知道這回事，因爲他必須轉彎。當他轉彎時，太空船內會發生各種不尋常的事，例如火箭點火起動，太空船內的東西都被甩到一邊牆上去等等，而地面上的彼得並不會有這些感覺。

所以我們可以這樣子來說明規則：兩兄弟中**曾經感覺到加速度**、看到東西被甩到牆上去等等現象的那位，就會是兩人之中比較年輕的人。這就是兩人之間「絕對的」區別，而事實上確實就是如此。

當我們討論運動中的緲子壽命較長的時候，我們用它們在大氣中的直線運動做爲例子，其實我們也可以在實驗室內製造出緲子，並利用磁鐵使它們轉彎。雖然這是加速度運動，但繞彎的緲子跟走直線的緲子，兩者壽命完全相同（兩者速度不同，但速率相同）。

雖然到目前爲止，還沒有人能夠針對孿生子弔詭，安排一個眞正的實驗，把這個弔詭直接徹底解決掉。但是我們原則上可以拿一個靜止不動的緲子，跟一個在磁場內高速運動的緲子來比較，當高速運動的緲子轉了一圈回到靜止的緲子旁邊時，我們應該會發現高速運動的緲子壽命長了一些。

雖然我們還沒眞的用繞了一圈的緲子來做實驗，但其實這是不必要的實驗，因爲一切都非常吻合，所以我們知道實驗的結果必然是這樣子的。雖然這樣的說明可能無法滿足那些堅持每一件事都要有直接證據的人，但是我們卻能很有信心的預測出保羅繞一圈之後結果會是如何。

4-3　速度的變換

愛因斯坦相對論與牛頓相對論的主要差異是在相對運動座標系之間（連結座標與時間）的變換定律不一樣。正確的變換定律，亦即勞侖茲變換是

$$
\begin{aligned}
x' &= \frac{x - ut}{\sqrt{1 - u^2/c^2}} \\
y' &= y \\
z' &= z \\
t' &= \frac{t - ux/c^2}{\sqrt{1 - u^2/c^2}}
\end{aligned}
\tag{4.1}
$$

這些方程式所描述的是一個比較簡單的情形，也就是兩個觀測者的相對運動是沿著其共同的x軸。

當然，其他方向的相對運動也是可能的，不過這種最一般性的勞侖茲變換相當複雜，所有x、y、z、t四個量全會混雜在一起。所以我們仍將繼續使用這個比較簡單的變換形式，因爲它們雖然簡單，卻包含了所有相對論的基本特點。

現在讓我們再多討論一些勞侖茲變換帶來的後果。首先是如果我們想把這幾個變換方程式倒轉過來，這意思是說，這套方程式原本是一組線性方程式，其中有四個方程式、四個未知數x'、y'、z'、t'，以及四個已知數x、y、z、t。我們當然也可以反過來解方程式，也就是把x'、y'、z'、t'當成已知數，來反求x、y、z、t。我們會得到非常有意思的結果，因爲它告訴我們，從一個「運動」座標系的觀點，所看到「靜止」座標系的樣子。

當然，由於這兩個座標系之間的運動是相對的，而且又是直線等速度運動，所以只要那位「運動中」的觀測者願意，他就可以宣稱，事實上是另外一個人在運動，而他自己則是靜止不動的。而且因爲另外那個人是往相反的方向運動，所以變換公式應該跟原來的一樣，只是速度的正負號得顚倒過來。而那正好是我們把方程組反過來解之後所得到的形式。要是它們沒有變成這樣的話，我們就得傷腦筋了！

總之，反向的變換關係是

$$x = \frac{x' + ut'}{\sqrt{1 - u^2/c^2}}$$
$$y = y'$$
$$z = z' \tag{4.2}$$
$$t = \frac{t' + ux'/c^2}{\sqrt{1 - u^2/c^2}}$$

接下來要談的是相對論中很有趣的速度相加問題。我們還記得，最初讓人們迷惑的難題，就是光線在所有座標系內，速度都是每秒186,000英里，即使這些座標系之間有相對運動也是如此。

光速固定這件事只是一個特殊情況，更為一般性的狀況可以用以下的例子來說明：假定在一艘太空船裡面，有樣物體以100,000英里／秒的速度前進，而太空船本身又以100,000英里／秒的速度飛行。那麼從一位太空船外觀測者的觀點來看，太空船裡的那樣物體會有多大的速度呢？我們很可能會想說：200,000英里／秒，但是這個速度豈不是大過光速！這實在令人氣餒，因為沒有東西能跑得比光快！總之，我們得面對以下的一般性問題。

假設在太空船裡面移動的物體，由太空船裡面的人看來，正以速度$v_{x'}$在移動，而太空船自己相對於地面的速度是u，我們想知道的是該物體對地面觀測者的相對速度v_x是什麼。當然這仍然算是一個特例，因為我們假定運動方向是跟x軸平行，它在y、z兩個方向上沒有速度分量。若是真要顧及問題的普及性，運動方向當然可以是任何角度，那麼在y、z兩方向上也就各有分量，這些一般性的情況雖然較為複雜，但是如有必要，我們也是可以把結果算出來的。

在太空船裡，該物體的速度是$v_{x'}$，則移動的距離等於速度乘以時間：

$$x' = v_{x'}t' \tag{4.3}$$

現在我們只需要依照(4.2)式中x'與t'間的關係，去算出地面觀測者看到的位置跟時間就行了。於是我們把(4.3)式代入(4.2)的第一式，得到

$$x = \frac{v_{x'}t' + ut'}{\sqrt{1 - u^2/c^2}} \tag{4.4}$$

但這個式子裡的x是以t'表達出來的。為了眞正得到地面觀測者看到的速度，我們應該是把**他看到的距離**除以**他的時間**，而不是除以**太空船上觀測者的時間**。換句話說，我們應該把從太空船外看到的**時間**也算出來，那就是把(4.3)式代入(4.2)的第四式，得到

$$t = \frac{t' + u(v_{x'}t')/c^2}{\sqrt{1 - u^2/c^2}} \tag{4.5}$$

於是我們可以從以上二式得到x對t的比，那就是

$$v_x = \frac{x}{t} = \frac{u + v_{x'}}{1 + uv_{x'}/c^2} \tag{4.6}$$

兩個方程式裡的帶根號分母相互抵消了。而這就是我們所要尋找的定律：兩速度之「和」並不等於兩速度的代數和（這點我們從上面

的例子已經知道，否則麻煩就大啦），而是需要再除以一個因子$1 + uv_{x'}/c^2$，以「修正」該代數和。

現在我們拿些實際數值代入這個關係式，看看究竟會發生什麼事！首先讓我們假設有樣東西在太空船裡的速度是光速的一半，而太空船本身的速度也剛好是光速的一半。那就是u等於$\frac{1}{2}c$，而$v_{x'}$也等於$\frac{1}{2}c$，那麼分母裡面的$uv_{x'}/c^2$成了1/4，於是整個方程式變成

$$v = \frac{\frac{1}{2}c + \frac{1}{2}c}{1 + \frac{1}{4}} = \frac{4c}{5}$$

所以在相對論裡，「1/2」加「1/2」並不一定等於1，而是只有「4/5」。當然，如果速度很小，我們便可以用平常的辦法很容易的把它們相加起來，理由是只要u跟v'都比光速小了許多，我們可以完全不用理會$(1 + uv'/c^2)$那個因子。但是如果速度很高，則事情就會很不一樣，也會很有趣。

爲了好玩，我們再來看看一個極端的例子。假設在太空船裡，觀測者正在觀測光本身。換句話說，就是$v_{x'} = c$。而同時該太空船也正在向前移動，那麼那束**光**的速度看在一位地面觀測者的眼裡，又是如何呢？很簡單，我們只要把速度$v_{x'} = c$代進(4.6)式，答案便現身了：

$$v = \frac{u + c}{1 + uc/c^2} = c\,\frac{u + c}{u + c} = c$$

所以如果有樣東西在太空船裡面以光速在運動的話，就地面上的人

的觀點來看，它也還是以光速在運動！這個結果很好，因為它正是愛因斯坦最初的相對論一心想要達到的目的，所以還**非得**有這樣的結果才成呢！

當然不是所有東西的運動，都必須跟等速度平移的方向（也就是座標軸或是太空船運動方向）一致才行。譬如說，太空船裡可以有樣東西，相對於太空船以速度 $v_{y'}$「向上」運動，而太空船是在「水平」方向運動。我們現在只需要依照同樣的步驟，但是以 y' 代替 x'，利用

$$y = y' = v_{y'}t'$$

就可以知道，當 $v_{x'} = 0$ 時，v_y 便等於

$$v_y = \frac{y}{t} = v_{y'}\sqrt{1 - u^2/c^2} \tag{4.7}$$

因此從地面看，向兩旁的速度已經不再是太空船裡看到的 $v_{y'}$，而是變成了 $v_{y'}\sqrt{1-u^2/c^2}$。我們剛才是由搬弄勞侖茲變換公式才得這結果，但是我們也可以直接從相對性原理來看出這個結果，理由如下（能回頭看看我們是否理解這個結果的理由總是好事）：在上一章中（見圖3-3），我們已經討論過，跟著太空船行進的一具可能的光鐘會如何運作；從固定座標系或地面上看去，光線是沿著一條鋸齒狀的斜線，以速度 c 在行進。而在運動座標系內，則只是垂直的以光速前進。

我們發現在固定座標系內，既然光是傾著一個角度在前進，所以其速度的**垂直分量**會比 c 來得小，等於 c 乘上 $\sqrt{1-u^2/c^2}$ 這個因

子。

現在我們假設在那具光鐘內，往返的不僅只是光，還另有某種物質粒子，它的速度只是光速的$1/n$（見圖4-1）。在如此安排下，粒子每往返一次，光就已經來回跑了n次。也就是說，粒子鐘的每一次「滴答聲」會與光鐘的每第n次「滴答聲」同時響起。**不論整個系統是否在運動，這件事必須維持不變**，因爲同時發生的物理現象，在任何座標系裡也都會同時發生。

因此既然c_y比光速慢，那麼粒子速度的垂直分量v_y和速率相比，也應該以同樣乘上那個平方根的比率而慢了下來。這就是爲什麼同樣的平方根會出現在任何垂直速度中。

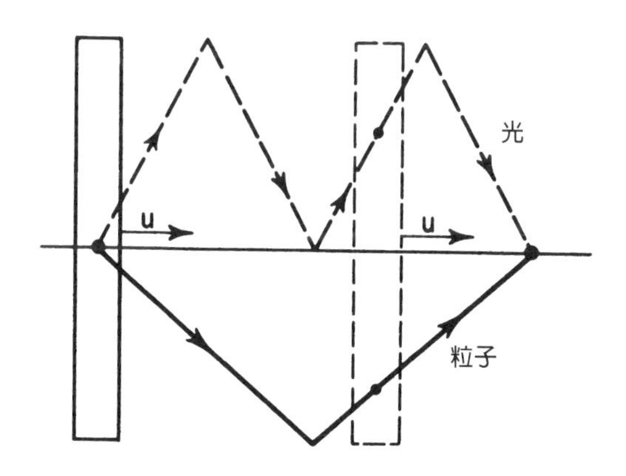

圖4-1　移動中的時鐘裡，光跟粒子分別所走的軌跡。

4-4 相對論性質量

上一堂課提到物體的質量會隨著速度增大而增加，但是我們還沒有用類似前面對於時鐘該有行爲的那種論證去證明這個結果，不過我們**能夠**證明質量這種隨著速度變化的方式是相對論加上其他一些合理假設的必然結果。（在此我們必須加上「其他假設」，是因爲如果我們希望做有意義的推論，就必須假設某些定律是眞的。）

爲了避免討論力的變換定律，我們將從分析**碰撞**著手，因爲我們只需要假設動量守恆與能量守恆，而無須知道任何力的定律。

另外我們假設運動中粒子的動量爲一向量，動量的方向與速度的方向一致。但是我們將不再和牛頓一樣假設動量等於一個**常數**乘上速度，而只是假設它是速度的某種**函數**。如此一來，我們可以把動量向量寫成某個係數乘以速度向量：

$$\mathbf{p} = m_v \mathbf{v} \tag{4.8}$$

我們在這個係數上故意加了一個下標 v，用以提醒我們這是一個隨速度而變的函數，並且我們還是把這個係數叫做「質量」。當然，在速度很小的時候，它就是以往我們在慢速的實驗中測量出來的那個質量。現在我們想要從每個座標系中的物理定律都必須相同的這個相對性原理出發，去證明 m_v 必須得等於 $m_0/\sqrt{1-v^2/c^2}$。

假定我們有兩個粒子，比方說兩個質子，它們完全一模一樣，而且以相同的速率互相朝對方衝過去，它們的總動量等於零。那麼接下來會如何呢？

在碰撞之後，它們的運動方向必須正好相反。因爲若不是那樣，就會產生不是零的總動量向量，而破壞了動量守恆律。另外，由於它們是完全一樣的粒子，它們還必須具有相同的速率；事實上，粒子在碰撞前後的速率也必須相同，由於我們假設能量在碰撞中也是守恆的。所以一個彈性碰撞——也就是可逆碰撞——的圖看起來就像是圖4-2(a)：所有箭頭線段的長度都相同，所有速率也都相同。

我們還應該假設，這樣的碰撞總是隨時可以安排的，任何角度θ都可能發生，而且我們可以讓粒子在這樣的碰撞中具有任意的速率。接下來我們注意到，在座標軸旋轉之後，這同一個碰撞看起來就會有些不同。爲了方便起見，我們將把座標軸旋轉到剛好把圖形水平分成上下兩個等半，就如圖4-2(b) 所畫的情況。它依然是同一次碰撞，我們只是轉了個角度重畫過而已。

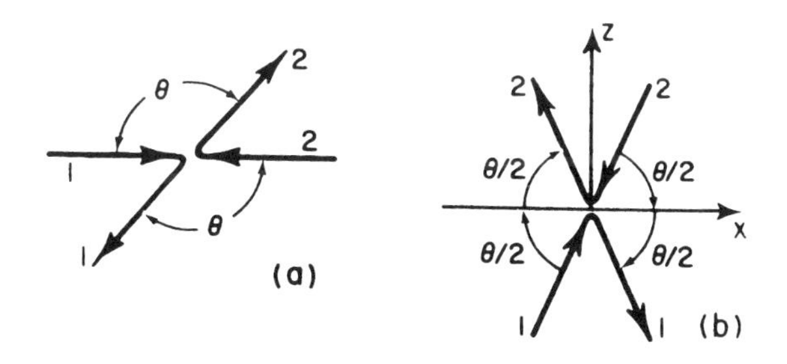

圖4-2　同一彈性碰撞的兩種圖示。這是由相同的兩物體，以相同的速率迎面發生的一次彈性碰撞。

現在大家仔細聽好，關鍵就在這兒：假設有位人士坐一輛車，沿著x軸前進，車速正好跟其中一個粒子速度的水平分量相同。如果我們以車上人士的觀點來看這個碰撞，看到的會是什麼呢？

我們會看到1號粒子在碰撞之前，直直的往上飛，因爲它在x軸上的分量剛好和車速一樣；而碰撞後它會垂直往下掉，因爲粒子在x軸上的分量仍然是零。也就是說，同一個碰撞從車上看起來成了圖4-3(a)所示的情況。

而2號粒子呢？因爲它在x軸上的方向跟車子的行進方向相反，所以從車上看來，它似乎以高速飛過來，角度也變小了。不過我們瞭解，碰撞前後的角度仍然是**一樣**的。假設我們以u代表2號粒子在水平方向的速度分量，而用w代表1號粒子的垂直速度。

現在的問題是，2號粒子垂直方向的速度（也就是$u \tan \alpha$）究

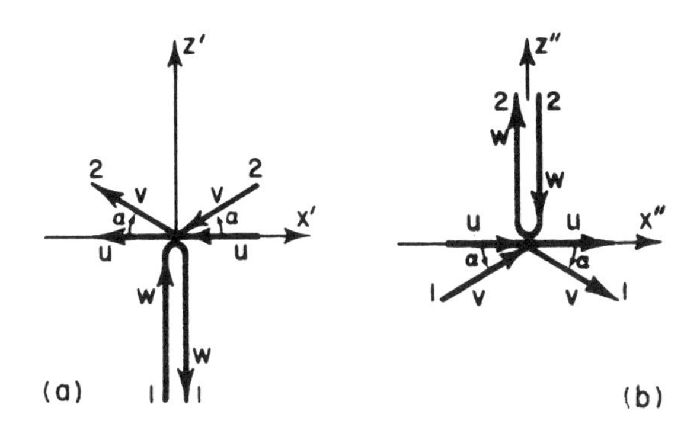

圖4-3 從移動的車中看同一碰撞的兩幅圖示。

竟是多少呢？如果我們找出這項速度，就可以利用垂直方向的動量守恆律，得到動量的正確公式。很清楚的，動量在水平方向上的分量是守恆的：兩個粒子動量的水平分量各自在碰撞前後相同，而1號粒子動量的水平分量碰撞前後皆爲零。所以我們需要用到動量守恆律的部分，只是垂直向上的速度$u \tan \alpha$。而我們只要把車子行進的方向反轉，就**能夠**得到向上的速度了！爲什麼呢？

請看圖4-3所畫的兩個情況，其中 (a) 是我們坐在一部車子裡，以速度u向右手方向（沿著x軸）前進所看到的情形，而 (b) 則是把座車調頭，以速度u向左手方向前進，所看到同一碰撞的情形。這回情況換了過來，成爲2號粒子直下直上，速率是w，而1號粒子得到水平方向的速率u。當然我們可以**知道**$u \tan \alpha$等於$w\sqrt{1-u^2/c^2}$（見(4.7)式）。另外我們知道直下直上粒子的動量改變等於

$$\Delta p = 2m_w w$$

（式子中的2是因爲它往下之後又往上的關係。）所以我們從以上知道，以速度v走斜線的粒子，其速度的水平分量爲u，而垂直分量則爲$w\sqrt{1-u^2/c^2}$，其質量爲m_v。這個粒子在**垂直**方向動量的改變應該是$\Delta p' = 2m_v w\sqrt{1-u^2/c^2}$，因爲根據我們先前的假設，即(4.8)式，動量的分量，永遠等於那個速率下的質量乘以該速度在同一方向上的分量。而爲了滿足動量守恆，兩個粒子各自於垂直方向上的動量變化必須相等，所以速率爲v的質量與速率爲w的質量的比值必須是

$$\frac{m_w}{m_v} = \sqrt{1 - u^2/c^2} \tag{4.9}$$

我們現在來考慮w是無窮小的極限情形。如果w眞的非常小，那麼v跟u實際上相等。在此情況下，m_w趨近於m_0，而m_v趨近於m_u。我們就得到重要的結果

$$m_u = \frac{m_0}{\sqrt{1 - u^2/c^2}} \tag{4.10}$$

因爲我們是取一個極限值的特例而得到(4.10)式，所以我們現在來做一個有趣的練習：假設(4.10)式是正確的質量公式，我們來檢驗一下對於任意大小的w而言，(4.9)式是否的確成立。

請注意，(4.9)式中的速度v可以從畢氏定理算出來：

$$v^2 = u^2 + w^2(1 - u^2/c^2)$$

由此我們可以檢驗出無論w爲何，(4.9)式是正確的（儘管我們先前只取了w無窮小的極限）。

現在，我們接受了動量守恆，以及(4.10)式質量會隨著速度而變的事實之後，接下來我們要去看看，還有哪些別的結論也可以推演出來。我們來考慮那些一般稱爲**非彈性碰撞**的例子。

爲了簡化討論，我們假定碰撞的對象是兩個完全相同的物體，各以相等的速率w朝對方奔過去。碰撞之後就黏在一起，變成一個新而靜止不動的物體，如圖4-4(a) 所示。我們知道在碰撞之前，由

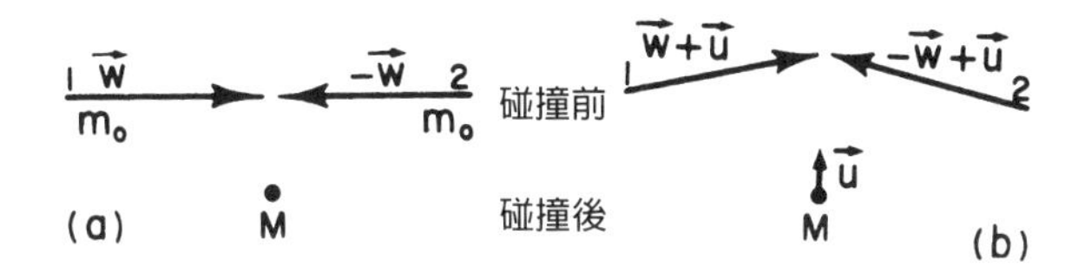

圖4-4　質量相等的物體發生非彈性碰撞的兩種圖示

於它們皆以速率 w 在移動，所以這兩個物體的質量 m 各等於 $m_0/\sqrt{1-u^2/c^2}$。我們只要假設動量守恆以及相對性原理，就可以算出新形成物體的質量。想像有一極小的速度 u，與 w 相垂直，（我們也可以用大一些的 u，但是用極小的速度比較容易看得懂），然後我們搭乘一部以 $-u$ 速度（也就是向下）移動的電梯，從電梯中看這起碰撞事件，看到的情形就像圖4-4(b) 所示。假設碰撞之後合併成的物體質量爲 M。此時，物體1的運動不僅是沿著水平方向，而是有一個向上的速度分量 u，以及一個實質上跟 w 相等的水平速度分量。物體2的情形也是完全一樣。

碰撞發生之後，質量爲 M 的物體還是以速度 u 往上移動，這個速度 u 比光速小很多，和 w 相比也很小。因爲動量必須守恆，我們來估計碰撞前後向上的動量：碰撞前動量 p 約等於 $2m_w u$，碰撞後動量 $p' = M_u u$，但是我們前面曾假設 u 爲極小，所以 M_u 實際上跟 M_0 沒有區別。由於動量守恆，所以 $p = p'$，因此

$$M_0 = 2m_w \tag{4.11}$$

因此**當兩個同樣的物體撞到一塊所形成的物體，質量一定得等於碰撞之前單獨物體質量的兩倍**。聽到這個結果，你可能馬上會說：「是啊，當然是這樣！這就是質量守恆。不是嗎？」

但是不要那麼輕易就說「是啊，當然……」你該想想**碰撞前那兩個物體的質量，由於具有速度而已經變大了**，並非它們原先靜止不動時的靜質量。而那些多出來的質量，也會一起加到新物體的質量中。換句話說，M並不是剛好等於原來兩個物體靜質量之和，而是**多了些**出來。聽起來確實叫人吃驚，不過我們如果希望當兩個物體結合在一起之時，動量守恆也還依舊成立，那麼即使物體在碰撞後就全靜止下來了，新形成物體的質量還是必須比原先物體的靜質量和還來得大。

4-5　相對論性能量

我們在上一堂課證明了，由於質量與速度有關以及牛頓定律的緣故，一個物體的動能會因一些力對它做功而改變，而此動能改變量永遠等於

$$\Delta T = (m_u - m_0)c^2 = \frac{m_0c^2}{\sqrt{1 - u^2/c^2}} - m_0c^2 \qquad (4.12)$$

我們甚至進一步猜測物體的總能量就是它的總質量乘以c^2。現在讓我們接下來繼續談談這個問題。

假設那兩個質量相同的物體碰撞到一起之後，我們仍然可以在

M裡面「看見」它們。譬如說，它們是一個質子跟一個中子，碰撞到一起之後就「黏在一起」，但仍然在M裡面運動。在這樣的情況，雖然我們最初以爲質量M會等於$2m_0$，但我們已發現它不是$2m_0$，而是$2m_w$。由於$2m_w$是它們一開始的總能量，而$2m_0$則是在裡面物體的靜質量，所以組合粒子**多出來**的質量就等於合併時帶進去的動能。

當然這個事實意味著，**能量也有慣性**。我們在上一堂課討論了氣體加熱的現象，那時講過由於氣體分子在運動，而且運動中的東西會變得比較重，因此當我們把能量加進氣體時，氣體分子會運動得更快，因而變得比加熱以前重。

但事實上，我們的論證是完全適用於一般的情形，而且我們對於非彈性碰撞的討論顯示，不管多出來的能量是否爲**動**能的形式，它的確代表了質量。換句話說，如果兩個粒子因靠攏而產生位能或其他形式的能量，或者如果原來快速移動的物體因爲爬上位能丘、因爲抵制內力而做功，或其他種種原因而慢下來的時候，它的質量仍然是全部放進去的能量。

由此我們瞭解到，以上所說的質量守恆，其實就是能量守恆。因此在相對論裡，嚴格說來並不存在非彈性碰撞，這和牛頓力學中的情形不一樣。根據牛頓力學，兩件同樣的東西可以撞在一起，而形成一個具有$2m_0$質量的物體，而且它跟我們把同樣兩件東西慢慢放到一起所形成的物體，不會有什麼不同。當然牛頓力學裡面也提過能量守恆律，所以我們知道兩個東西碰撞到了一塊，裡邊應該是多了一些動能，但是根據牛頓定律，那並不影響它的質量。

但是我們現在知道這是不可能的事，由於碰撞牽涉到動能，因此最後的物體會比較**重**，所以它將會是**另**一種東西。如果我們把物體輕輕的放在一起，它們會形成質量爲$2m_0$的東西；但是當我們用力將它們撞在一起，它們就會形成另一種質量較大的東西。如果質量不一樣，我們就可以知道它們是不一樣的物體。由此看來，在相對論裡，能量守恆還必須伴隨著動量守恆才行。

這件事可以推演出一些有趣的結論來。譬如說，假設我們有一件物體，質量經測量知道爲M，然後假定發生了什麼事使它一分爲二，成爲兩塊相等的碎片，各以速率w飛開，如此一來，每一塊的質量就爲m_w。接著我們再假設這兩塊飛出去的碎片，一路上碰撞到許多物質，因而速率逐漸轉緩並終於停了下來。當它們停止時，質量當然是變成了m_0。那麼在這段過程裡面，它們給了那些被它們碰撞過的物質，一共多少能量呢？

根據以上我們證明過的定理，每塊碎片釋放出來的能量等於$(m_w - m_0)c^2$。這些能量留在被撞過的其他物質身上，以熱能、位能等等形式存在。前面我們說過，$2m_w = M$，所以釋放出來的總能量$E = (M - 2m_0)c^2$。

我們以前就是用這個方程式去估算原子彈內核分裂所釋放出來的能量（雖然在這個例子裡面，分裂開的兩塊碎片並不是剛好相等，但它們也幾乎是相等的）。鈾原子的質量老早就被人測定出來了，而它分裂之後所出現的原子，碘、氙等等的質量也都是已知的。此處所說的質量，當然不是指原子在運動時的質量，而是原子在**靜止**狀態下的質量。換句話說，M跟m_0都是已知值，我們只需把它們一減，再乘以光速的平方，就得到M分裂成「兩半」時釋放的能量了。

而就是因爲這樣子一點關聯，所有的報紙都稱呼可憐的老愛因斯坦爲原子彈之「父」。當然，這種稱呼的意思是如果我們告訴愛因斯坦什麼是核分裂的過程，則他就可以事先算出反應所釋放的能量。一個鈾原子進行分裂時所應釋出的能量，在第一次直接試驗前約六個月，就已經給預估出來。而一旦能量實際釋放出來，有人就直接將它量出來（如果愛因斯坦的公式不成功，人們還是會把能量測出來），只要人們量出了能量，他們就不再需要這個公式了。當然我們不應該因爲愛因斯坦實際上跟製造原子彈無關而小看了他，該批評的是那些報紙以及眾多對於物理史與技術史中什麼是因，什麼是果的報導。如何能夠把事情快速而有效率的完成，和事情背後的原理，完全是不相干的兩回事。

這個結果在化學上也是很重要的。譬如說，如果能夠去秤二氧化碳分子的重量，然後拿它的質量去跟碳與氧的質量比較，就應該可以計算出來當碳與氧結合成二氧化碳時，一共會有多少能量釋放出來。此處唯一的問題是反應前後質量差異非常小，技術上很難將它量出來。

現在讓我們談談，是否應該把m_0c^2和動能加在一起，而從今以後把物體的全部能量說成是mc^2？首先，如果我們仍然能夠在M裡面**看**得見靜質量爲m_0的各個組成片塊，那就可以說合併物的質量M裡面，有某部分是片塊本身的靜質量，另一部分是它們各自的動能，還有一部分是它們的位能。我們在自然界中發現了各種基本粒子，它們會進行類似上面討論過的反應，但即使集全世界的研究成果，我們**仍然無法看到這些粒子的成分**。例如當一個K介子衰變成兩個π介子時，可說是跟(4.11)式滿契合的，但是我們卻不能因此就以爲K介子是由兩個π介子所構成的，因爲它有時也會衰變成3個π介子！

因此我們就有了一個**新觀念**：我們不必知道裡面的組成片塊到底是些什麼，我們無法也無須去搞清楚粒子的哪一部分能量是屬於衰變後各個部分的靜能。要去把一件物體的全部能量劃分爲裡面成分的靜能、它們各自的動能以及位能，不是很容易的事，而且常常是不可能的事。所以我們只談論粒子的**總能量**。

我們可以「移動能量的原點」，在原來的粒子能量上加入一個常數m_0c^2，然後說一個粒子的全部能量，等於運動中的質量乘以c^2，如果粒子靜止不動，能量就等於靜質量乘以c^2。

最後，我們發現物體的速率v、動量P、跟全部能量E之間，有一個非常簡單的關係。物體的速率如果等於v，則運動中的質量m_v等於靜質量m_0除以$\sqrt{1-v^2/c^2}$。但其實這個關係式並不太常用，這點倒是頗令人驚訝。反而是下面的這兩個關係式，很容易證明，而且也非常有用：

$$E^2 - P^2c^2 = m_0^2c^4 \tag{4.13}$$

以及

$$Pc = Ev/c \tag{4.14}$$

第5堂課

時空

在相對論裡面，

我們必須把原來的三維向量動量守恆律，

擴充成為四維向量動量守恆律，

亦即給它加上一個時間分量守恆律。

能量守恆律正是這第四個守恆律。

5-1 時空幾何學

相對論告訴我們，兩個座標系所各自測量出來的位置與時間，它們的關係和我們憑直覺所預期的結果完全不一樣。我們必須徹底瞭解勞侖茲變換所意味的空間與時間的關係，這是非常重要的事。因此我們將在這一章更深入的討論這個議題。

如果有一位「站著不動」的觀測者，他所測量到某個事件發生的位置跟時間是(x, y, z, t)。而在一艘以速度u「移動」的太空船裡面，另一位觀測者所量到同一事件的位置跟時間則是(x', y', z', t')。勞侖茲變換就是告訴我們這兩組座標之間的關係：

$$
\begin{aligned}
x' &= \frac{x - ut}{\sqrt{1 - u^2/c^2}} \\
y' &= y \\
z' &= z \\
t' &= \frac{t - ux/c^2}{\sqrt{1 - u^2/c^2}}
\end{aligned}
\tag{5.1}
$$

讓我們拿這組方程式去跟(1.5)式比較。(1.5)式也是兩個座標系所測得座標之間的變換關係，只是那兩個座標系都是靜止不動的，不過兩者之間**旋轉**了一個角度：

$$
\begin{aligned}
x' &= x\cos\theta + y\sin\theta \\
y' &= y\cos\theta - x\sin\theta \\
z' &= z
\end{aligned}
\tag{5.2}
$$

在這個特殊例子裡，老莫所用的x'軸和老喬所用的x軸之間夾著一個θ角。無論是(5.1)式和(5.2)式，我們注意到變換後的量是變換的量的「混合」：例如新的x'是x和y的混合，新的y'也是x和y的混合。

有一個類比很有用：當我們在看物體之時，我們會很明顯的看到可以稱之爲「表象的寬度」以及「表象的深度」的兩種東西。但是寬度與深度這兩種概念，並不是該物體所具有的**基本**性質。因爲如果我們朝旁邊移動幾步，換從另一個角度來看同一件物體時，所看到的寬度與深度就會跟剛才看到的不一樣。而且我們或許可以推敲出某些公式來，能讓我們從原來的寬與深以及旋轉角度計算出新的寬度與深度。

(5.2)式就是這樣的公式。可以這麼說，任何情況下我們看到的深度，都是另一個情況下的寬度與深度的混合。如果大家都固定不動，永遠只能從同一個位置、同一個角度去觀測該物體時，那麼前面所說的變換公式，便失去了意義。在那樣的情況下，我們會永遠看到「眞的」寬度跟「眞的」深度，而且它們看起來會是相當不一樣的東西，因爲一個看起來是視角，另一個則和眼睛聚焦或甚至和直覺相關。這兩者絕不會混合起來。但是由於我們能夠走動，所以我們才**能**體會到深度與寬度只是同一件東西的兩個面向而已。

我們現在要問是不是也可以用同樣的方式來看待勞侖茲變換？這兒我們同樣有一種混合，只不過混合在一起的是位置跟時間。如果有人測量出了兩事件在空間上的距離與在時間上的差距，那麼另一個人所量到的空間距離就會和前者不同。換句話說，在一位觀測者所測量到的空間數據裡面，就另一位觀測者而言，會混合進了一些時間數據。

上面提過的類比令我們有了一個新想法：我們所觀測的物體，其「眞實情況」不知怎麼的要比其「寬度」與「深度」來得更大（粗略、直覺的講），因爲**它們**取決於我們**如何**去看這個物體。當我們移動到一個新的位置，我們的腦子能馬上重新計算其寬度與深度。但是當我們以高速運動時，我們的腦子卻不能夠立即重新算出位置座標與時間。原因在於我們沒有以近乎光速前進的實際經驗，所以我們無法理解時間與空間有相同本質。這種情形就有點像是我們的位置被限定住了，以致於只能看到某個東西的寬度，而且我們不能大幅度的將頭轉來轉去，所以看不到東西的「背面」。不過我們現在已經瞭解，如果我們可以高速前進的話，我們可以看到其他人的時間，就好比可以看到一點點他們的「背面」那樣。

所以我們應該試著將物體想成是位於一種新世界中，其中空間與時間混在一起，就好像我們日常空間世界中眞實的物體那樣，而我們可以從不同的方向去看那個物體。因此我們將把占據一處空間並維持一段時間的物體，看成是占據了新世界中的一「小塊」區域，而且當我們以不同速度運動時，我們可以從不同的觀點去看這一「小塊」時空區域。

這樣的新世界，這樣的幾何概念，其中可以存在著占據空間又維持一段時間的「小塊」，這種世界我們就稱之爲**時空**（space-time）。在時空中的一個點 (x, y, z, t)，我們稱它爲一個**事件**（event）。假設我們沿水平方向畫一根 x 軸，垂直方向畫一根 t 軸。那麼y與z這另兩個方向就互相「垂直」，而且兩者也都「垂直」於紙面（！）。那麼在這樣子的圖裡面，一個運動的粒子看起來會是什麼模樣呢？

如果這個粒子靜止不動，則它自始就有某個特定的x，而且隨著時間的變化，它仍會維持著同樣的x。那麼這個粒子的「路徑」，是一條跟t軸平行的直線（見圖5-1(a)）。但如果這個粒子是在往外移動的話，x就會隨著時間而增加（見圖5-1(b)）。如果粒子一開始是快速向外移，之後速率漸漸放慢，那麼它的路徑就會像圖5-1(c)所示。換句話說，在時空圖裡，一個不會衰變的粒子是由一條線所代表。而一個衰變的粒子是由一條分岔的線所代表，因爲這個粒子在分岔點會變成兩個其他的東西。

那麼光在這個時空圖裡該怎麼表示呢？光以一定速率c行進，

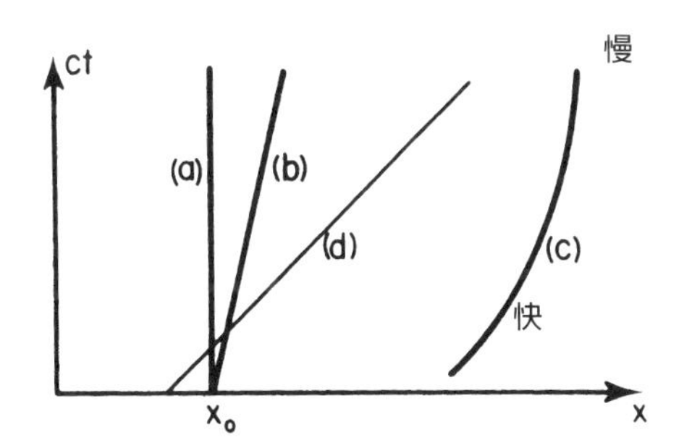

圖5-1　時空中三個粒子的軌跡：(a) 第一個粒子停留在x_0處不動。(b) 第二個粒子從x_0位置開始，以固定速率移動。(c) 第三個粒子以高速率開始移動，但隨後速率逐漸轉緩。

因而是由一條斜率固定的直線來代表（見圖5-1(d)）。

根據我們的新觀念，如果一個粒子發生了某事件，譬如說，在某一時空點突然衰變成兩個新粒子，各朝新的方向飛出去。而此一有趣的事件在某一個時空座標系內，是在某x值跟某t值的時空點上發生的。那麼當我們來到另一個時空座標系時，是否也跟旋轉變換同樣，只需把x跟t軸像圖5-2(a) 所畫的那樣轉一個角度，就可以得到新座標系中新的x跟t值了？

答案是否定的，因爲(5.1)式和(5.2)式並不是**完全**相同的數學變換公式。譬如說，兩個方程式中的正負號不完全一樣，而且(5.2)式是以cos θ跟sin θ來表示，而(5.1)式是以一般代數值的形式來表示。（當然，並非一切代數值都不能用餘弦與正弦來表示，但在這個例子裡，這是做不到的事。）

但即使有這些差異，這兩個式子**仍然**非常類似。我們以後就會瞭解，由於正負號上的差異，我們不能把時空想成是眞實的一般幾

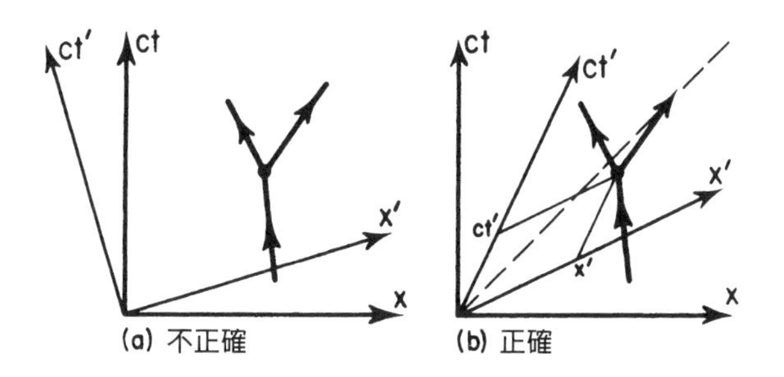

圖5-2　兩種看待衰變粒子的方式

何。事實上（雖然我們將不會強調這一點），運動中的人所使用的座標軸，會以相同的角度向光束軌跡傾斜，而且使用一種平行於x'軸與t'軸的特殊投影方式來得到其x'值與t'值，如圖5-2(b)所示。

我們將不會使用這種幾何，因爲它的用處不大，直接使用方程式會比較容易一些。

5-2　時空間隔

雖然時空的幾何並不是一般意義下的歐氏幾何，但是的確**存在**著某種幾何，和歐氏幾何非常類似，只是這種幾何有些奇特之處。如果我們用幾何來看待時空的想法沒錯，那麼就應該存在著某一些位置及時間的函數，它們的函數值與座標系並不相干。

比方說，在普通的旋轉之下，如果我們任取兩個點。爲了簡化起見，其中一點就取座標系的原點，而另外一點在別的地方。假設兩個座標系的原點相同，由於原點到另一點的距離在兩座標中都相同，所以兩點的距離平方$x^2 + y^2 + z^2$這個值是不會隨座標而改變的。距離是獨立於座標系的一種性質。那麼時空又是如何呢？我們不難證明在這裡也有一種組合，也就是$c^2t^2 - x^2 - y^2 - z^2$這個值，它在勞侖茲變換前後仍然是相同的值：

$$c^2t'^2 - x'^2 - y'^2 - z'^2 = c^2t^2 - x^2 - y^2 - z^2 \tag{5.3}$$

因此這個量就跟距離有點相似，在某個意義之下是「眞實」的。我們把它叫做時空中兩點之**間隔**（interval）。在這個例子中，兩時空點之一是原點。（當然，事實上(5.3)式是間隔平方，就好像$x^2 + y^2 + z^2$是距離平方。）我們不再援用「距離」這名稱，而給了它一個不同的稱呼：「間隔」，因爲時空的幾何不是歐氏幾何，但是有趣的地方在於兩者的區別僅在於某些正負號反轉了過來，還有就是多出來一個光速c。

現在讓我們想法子把c給去除掉，如果我們想要能夠任意的交換空間中的x與y，有個c是很不方便的事。我們如果沒有經驗，可能會引出一些困擾，那就是，譬如說，以目光的夾角來測量東西的寬度，卻以另一種方式來測量深度，譬如說以眼睛聚焦時肌肉之張力大小來測量，因爲測量的方式不一樣，所以測量單位就會不一致，就好像用英尺來測量深度，而用公尺來測量寬度。這會使得我們在使用如(5.2)式的座標變換時，得處理非常複雜的方程式。

既然我們已經從(5.1)式與(5.3)式知道了時間與空間是相等的，也就是時間能夠變成空間，空間也能夠變成時間，那麼我們就應該**用同樣的單位來測量時間與空間**。基於這個觀念，那麼一「秒」的距離該是多少呢？我們很容易從(5.3)式算出，它就等於3×10^8公尺，也就是**光在一秒鐘內所走的距離**。換句話說，如果我們以秒爲單位，來測量所有的時間跟距離，那麼一單位的距離就是3×10^8公尺

另外一種以相同單位來測量時間與空間的方法是以「公尺」來測量時間。那麼什麼是一公尺的時間？它就是光走一公尺所需要的時間，也就是$\frac{1}{3} \times 10^{-8}$秒，或者說是一秒的33億分之一！換句話說，我們想要使用一種單位系統，其中的$c = 1$。如果時間與空間

都是以同樣的單位來測量，則方程式就會明顯的簡化很多：

$$\begin{aligned} x' &= \frac{x - ut}{\sqrt{1 - u^2}} \\ y' &= y \\ z' &= z \\ t' &= \frac{t - ux}{\sqrt{1 - u^2}} \end{aligned} \tag{5.4}$$

$$t'^2 - x'^2 - y'^2 - z'^2 = t^2 - x^2 - y^2 - z^2 \tag{5.5}$$

如果我們感覺到不確定或甚至「害怕」經過如此簡化之後，我們就再也得不回正確的方程式。那麼這層顧慮是多餘的，事實上，沒有c的方程式比較容易記憶，而且我們只要注意單位，就很容易把c放回去。譬如拿$\sqrt{1-u^2}$一項來說，我們知道1是個純數字，無法減掉一個速度的平方，因爲速度是個有單位的量，所以我們必須讓u^2除以c^2，才能夠去掉它所帶著的單位。而那樣做就正好是把c擺回去的方式。

時空與普通空間的差異，以及時空中的間隔與空間中的距離兩者性質之關係，都是非常有趣的問題。根據(5.5)式，假如我們考慮在某一座標系中的一點，它的時間爲零，只有空間值不爲零，那麼依照時空間隔的定義，這點的間隔平方就成了負數，而負數的平方根是虛數，因此這間隔就爲虛數。時空間隔在理論上，可以是實數，也可以是虛數。時空間隔的平方可以是正值或是負值，這和距離不一樣，距離的平方永遠是正數。

當兩點之間的間隔是虛數時，我們說這兩點之間有個**類空間隔**（spacelike interval），而不說它是虛數間隔，因爲這個間隔的性質比較像空間，而比較不像時間。另一方面，如果有兩事件在某一座標系中有相同的空間座標，但是兩者的時間不相同，那麼時間的平方是正數，距離爲零，因此間隔平方就是正值。我們稱這樣的間隔爲**類時間隔**（timelike interval）。

所以在我們的時空圖裡，有以下的情況：在座標軸之間的45°處，有兩條斜線〔實際上在四維時空裡，它們所代表的其實是「錐面」，我們稱之爲光錐（light cone）〕。這兩條斜線上，所有的點與原點之間的時空間隔都等於零。當光從某一點發射出來，光與那一點的時空間隔永遠爲零，這點我們從(5.5)式可以看得出來。

由以上的說明，我們還附帶證明了一件事，那就是如果光在一個座標系內以速度c行進，從另一個座標系來看，它仍然會是以速度c在行進。也就是說，如果時空間隔在一座標系中爲零，它在另一座標系中也是爲零，因爲間隔在兩座標系中的值是相同的。因此當我們說光速是一不變值，就等於說時空間隔等於零。

5-3 過去、現在、未來

如次頁的圖5-3所示，某一時空點附近的時空區域，可分成三個區域。其中一個區域（區域1）裡的點，與這個特定的時空點之間有類空間隔，而另外兩個區域（區域2、3）裡的點則與此時空點有類時間隔。

物理上，某一事件附近這三個時空區域中的點與此一事件的時空點有著有趣的關係：來自區域2中的點的物體或者是訊號，能夠以小於光速的速度抵達事件O。因此區域2中的事件可以影響時空點O，也就是可以從過去影響O。當然，事實上，在負t軸上一點P上的物體正好是在O的「過去」的時空點上；我們也可以說它跟O點是相同的空間點，只不過其中P點在時間上早了一些，因此P點所發生的事件會影響現在的O。（不幸的是，人生就是這樣。）

另外位於Q點的物體，能以小於c的速率到達O點，所以如果這物體是位在一艘太空船內運動，那它一定也是同一時空點O的過去。換句話說，在另一個座標系裡，它的時間軸可能正好穿過O與Q兩個點。

所以我們區域2中的所有點，都是在O點的「過去」裡，在此區域中所發生的任何事情，都**能**影響現在的O點。因此，區域2有

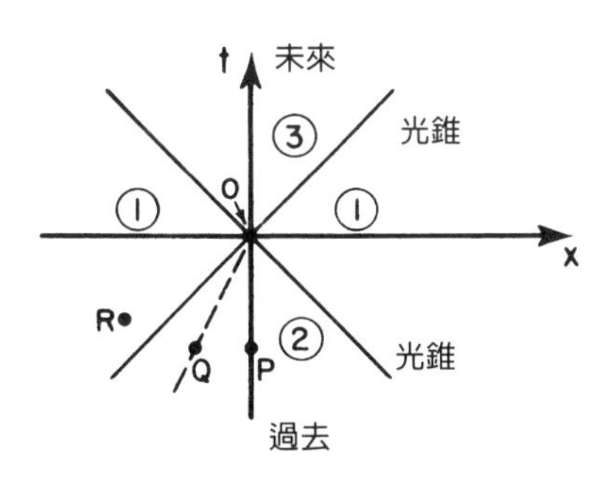

圖5-3　原點周圍的時空區域

時叫做**有影響的過去**（affective past），它是所有能夠影響O點的事件總集合。

反之，區域3這一區域是我們能夠**從**O去影響的區域；我們可從O以比c小的速率射出「子彈」去「打中」東西。所以區域3中任何一點，都可以受到我們的影響，因而我們稱之爲**能影響的未來**（affective future）。

現在有趣的是，其他的時空區域，亦即區域1，是我們不能從O去影響的區域，而現在位於O的我們也不會受到區域1的影響，因爲沒有東西可以跑得比光還快。

當然圖中R點所發生的事，雖然無法影響我們的現在，但還是**能**影響到我們的**未來**。比方說，如果太陽在「此刻」爆炸了，我們得等上八分鐘之後，才會知道發生了什麼事，在那之前，它不可能對我們產生任何影響。

我們剛才所提到的「此刻」，是一個非常神祕的玩意兒，我們既不能定義它，也不能影響它，但是它卻能影響未來的我們。如果我們想影響「此刻」，就得在足夠久之前做了一些事。

有個例子是當我們注視半人馬座α星（Alpha Centauri），所看到的是它四年前的情形。我們或許會好奇，它「此刻」是個什麼樣子。此處所謂的「此刻」是根據我們這個座標系的時間軸來判斷的，我們只能從四年以前半人馬座α星發射的光中去看到它，但是我們並不知道它「此刻」正在發生的情況；我們得要到四年後才會知道它在「此刻」所發生的事。「此刻」的半人馬座僅是我們腦中的一個概念而已，它現在並非是個有物理意義的東西，因爲我們必須等一會才能觀察到它，我們「現在」甚至無法定義它。

除此之外，這個「此刻」還會隨著所用的座標系而異。譬如，如果半人馬座α星正在移動的話，在那兒的觀測者的「此刻」就會**不同於**我們的「此刻」，因爲他的時間軸和我們的時間軸並不是平行的，而是夾了一個角度，所以他的「此刻」會是在**另一個**時間。我們之前已經討論過，同時性這一概念並不單純：在一個座標系內，地分兩處卻仍同時發生的事件，對於另一位在移動的觀測者而言，不見得仍然同時。

有一些算命家宣稱他們能預知未來，而且我們也經常聽到一些了不起的故事，說某某人突然發現他自己能夠知道關於「能影響的未來」的事。不過這種說法本身就充滿了矛盾，因爲如果我們知道未來將會發生什麼事，那麼我們就能夠在適當的時間，採用適當的手段去避免這件事。

事實上，我們從以上的討論得知，不要說能知道將來的事情，即使事情**現在**正在發生，但稍微跟我們有些距離的話，任何人，包括所有算命先生在內，都不可能知曉，因爲那是觀察不到的。我們或許會問以下的問題：如果我們忽然能夠知道區域1中所發生的事，是否會出現什麼樣的矛盾？請同學自己想想看，答案應該如何。

5-4　再談談四維向量

現在我們回頭，繼續討論勞侖茲變換與空間座標軸旋轉的類比。我們已經學會了把其他一些量集合在一起的用處，這些量的變換性質和座標一樣，我們稱這些量爲**向量**，也就是有方向性的線段。

在尋常的旋轉之下，有很多量的變換方式，和x、y、z在旋轉之下的變換是相同的。比方說速度有三個分量，x分量、y分量、z分量，當我們改以另一個座標系來量測，沒有任何分量會維持不變，它們全部變換成新值。雖然如此，不知怎麼的，速度「本身」確實比其任意分量都還要更爲眞實，所以我們用有方向性的線段來代表速度。

接下來我們要問：是否眞的有一些量，它們在運動座標系與靜止座標系之間的變換關係，和x、y、z、t的變換關係是一樣的？從使用向量的經驗裡，我們知道這些量的前三個分量，會和x、y、z一樣，構成某個普通空間向量的三個分量；至於第四個分量，它在空間旋轉之下，會看起來像是純量，因爲只要不變換到另一個正在運動的座標系，這第四個分量就不會改變。如果是這樣，那麼是不是可以在某些已知的「三維向量」之上，再加上第四個分量，我們稱此分量爲「時間分量」，使得如此構成的物體，其四個分量的變換方式，會和時空中的位置分量與時間分量的「旋轉」方式一樣？

我們現在就要證明，確實至少有這麼一個例子（事實上，同樣的情形還很多），那就是：**動量的三個分量，加上能量做為第四個分量，也就是把能量當成時間分量**，這樣一組東西合起來會構成一個所謂的「四維向量」，這些量在座標變換之下，**會一起跟著變**。在證明這個說法的演算裡，如果要把c全部明確的寫出來是很不方便的事，所以我們可以利用以前在(5.4)式中用過的招數，選用適當的能量、質量以及動量的單位，使得$c = 1$，那麼方程式寫起來就比較簡單。

例如，能量與質量之間，原先不過只差一個c^2，如此一來，由於c等於1，我們可以宣稱：能量**就是**質量，寫成$E = m$。當然，如果有必要，我們可以等演算到最後一個方程式時，才把省掉的c加回去，但中間步驟就無此必要了。

因此，我們的能量方程式及動量方程式可寫成

$$\begin{aligned} E &= m = m_0/\sqrt{1 - v^2} \\ \mathbf{p} &= m\mathbf{v} = m_0\mathbf{v}/\sqrt{1 - v^2} \end{aligned} \tag{5.6}$$

而且在這種$c = 1$的單位下，我們會得到

$$E^2 - p^2 = m_0^2 \tag{5.7}$$

譬如說，如果我們是以電子伏特（eV）做爲能量單位，那麼1電子伏特的質量所指的又是什麼呢？它所指的是靜能等於1電子伏特的質量，也就是說m_0c^2等於1電子伏特。譬如：一個電子的靜質量等於0.511×10^6 eV。

好了，現在我們得瞧瞧在新的座標系中，動量跟能量是什麼樣子？爲了解決這個問題，我們必須變換(5.6)式，這個步驟應該沒有問題，因爲我們知道速度是如何變換的。假設在我們測量時，有件物體在移動，速度爲v，但我們若是從一艘速度爲u的太空船上觀測同一物體的話，我們所看到的速度是v'。凡是我們原先在靜止座

標系裡測量到的物理量，變換到太空船座標系之後，都一律在符號右上角加一撇。

爲了簡化事情，我們先討論 v 與 u 方向一致的特例，以後再考慮一般的情形。那麼在太空船上看到的 v' 是多少呢？它是 v 與 u 的一種合成速度，也就是兩者之「差」。根據我們之前已經推導過的(4.6)式，v' 等於：

$$v' = \frac{v - u}{1 - uv} \tag{5.8}$$

接下來我們計算太空船上觀測到的新能量 E'。太空船上的觀測員用的靜質量，當然得跟我們用的相同，但是他用的速度是 v'。我們需要做的就是取 v' 的平方，然後用 1 減去得到的平方值，再取平方根，最後取倒數：

$$\begin{aligned}
v'^2 &= \frac{v^2 - 2uv + u^2}{1 - 2uv + u^2v^2} \\
1 - v'^2 &= \frac{1 - 2uv + u^2v^2 - v^2 + 2uv - u^2}{1 - 2uv + u^2v^2} \\
&= \frac{1 - v^2 - u^2 + u^2v^2}{1 - 2uv + u^2v^2} \\
&= \frac{(1 - v^2)(1 - u^2)}{(1 - uv)^2}
\end{aligned}$$

得到的就是

$$\frac{1}{\sqrt{1 - v'^2}} = \frac{1 - uv}{\sqrt{1 - v^2}\sqrt{1 - u^2}} \tag{5.9}$$

而能量E'就等於m_0乘以(5.9)式。但是我們得記住，所要的答案必須以原來沒加一撇的能量與動量來表示才行。我們注意到

$$E' = \frac{m_0 - m_0uv}{\sqrt{1-v^2}\sqrt{1-u^2}} = \frac{(m_0/\sqrt{1-v^2}) - (m_0v/\sqrt{1-v^2})\,u}{\sqrt{1-u^2}}$$

也就是

$$E' = \frac{E - up_x}{\sqrt{1-u^2}} \tag{5.10}$$

這個式子的形式，完完全全跟勞侖茲變換中的這一個式子相同：

$$t' = \frac{t - ux}{\sqrt{1-u^2}}$$

接著我們得找出新的動量p'_x。它等於能量E'乘以速度v'，但我們得用E與p來表示：

$$p'_x = E'v' = \frac{m_0(1-uv)}{\sqrt{1-v^2}\sqrt{1-u^2}} \cdot \frac{v-u}{(1-uv)} = \frac{m_0v - m_0u}{\sqrt{1-v^2}\sqrt{1-u^2}}$$

因此

$$p'_x = \frac{p_x - uE}{\sqrt{1-u^2}} \tag{5.11}$$

我們看得出來，這個式子的形式和以下的式子相同：

所以新的能量與動量若以舊的能量與動量來表示，其間的變換關係，跟以t與x來表示t'、以x與t來表示x'的變換公式一樣：我們只需要將(5.4)式中的t都改成E，x都改成p_x，得到的就是(5.10)式及(5.11)式。

這意味著，如果一切都沒出錯，則我們應會得到另兩個變換規律：$p'_y = p_y$，$p'_z = p_z$

爲了證明這兩個式子，我們需要回頭研究上下運動的情形。事實上，我們已在上一章研究過上下運動的情況。我們分析過一個滿複雜的碰撞，我們已注意到，事實上，從運動座標系來看，垂直動量是不會改變的，所以我們其實已經證明了$p'_y = p_y$及$p'_z = p_z$。

於是完整的變換公式就是

$$
\begin{aligned}
p'_x &= \frac{p_x - uE}{\sqrt{1 - u^2}} \\
p'_y &= p_y \\
p'_z &= p_z \\
E' &= \frac{E - up_x}{\sqrt{1 - u^2}}
\end{aligned}
\qquad (5.12)
$$

在這組變換公式裡，我們發現了四個量在不同座標系之間的變換方式與x、y、z、t完全一樣，因而我們稱之爲**四維向量動量**（four-vector momentum）。由於動量是一個四維向量，我們可以在一個運動粒子的時空圖中，順著它運動路徑的切線方向，畫一個「箭頭」來表示該粒子的動量，如圖5-4所示。這條箭頭的時間分量就

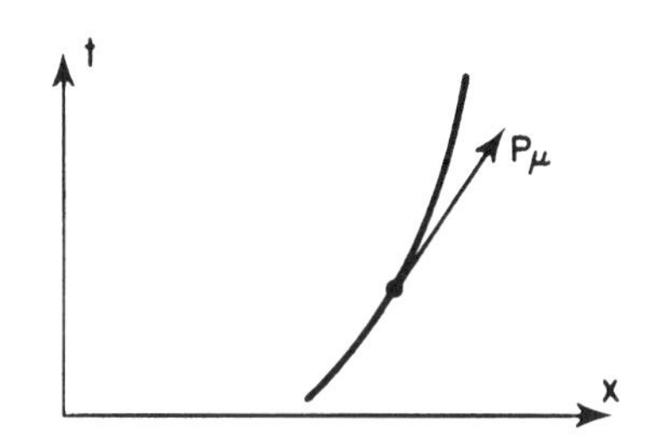

圖5-4　一個粒子的四維向量動量

等於它的能量，而箭頭的三個空間分量所代表的，就是它的三維向量動量。

所以這箭頭比起單獨的能量或動量來，更爲「眞實」。因爲能量與動量，不過是這同一箭頭在四根座標軸上的投影罷了。所以這些分量會取決於我們所用的座標系，也就是取決於我們如何來看圖(5-4)。

5-5　四維向量代數

用來表示四維向量的符號，跟表示三維向量的符號有些不同。我們在第1堂課就已經說過，在三維向量的情況，一般用粗體字符號來表示向量。例如一般的三維向量動量，會寫成**p**。如果我們希望表示得更具體一些，就會明說它有三個分量，以x、y、z軸來說，這三個分量就是p_x、p_y、p_z。所以，我們可以指說某個分量為p_i，並說i可以代表x、y、z。我們用來描述四維向量的記號也和此類似：我們以p_μ來表示四維向量，其中μ代表t、x、y、z**四個**可能的方向。

當然，我們可以選用任何我們喜歡的記號。好好用腦筋去創造記號，因為它們非常重要，好的記號是非常有威力的。

事實上，就某個角度來說，大半的數學只是在發明更好的記號而已。整個四維向量的觀念，基本上就是一個改善記號的絕佳例子，目的是讓變換關係比較容易記憶。於是A_μ代表一個一般的四維向量，但是對於動量這個特例來說，p_t代表能量，而p_x是x方向上的動量，p_y跟p_z也就是該動量分別在y與z方向上的分量。在求取兩個四維向量之和時，我們得分別把同方向上的兩個分量相加。

如果某個方程式等號兩邊均為四維向量，那麼這代表對於**每個分量**而言，等式皆成立。比方說，在粒子碰撞的情況下，如果說三維向量動量必須遵循動量守恆律，也就是說，一大堆聚集在一起交互作用或碰撞的粒子，其中所有粒子的動量總和會是一個定值，那麼這代表如果我們把所有在x方向上、在y方向上、在z方向上的動量分量各自加起來，這些動量分量和也必然是定值。

不過在相對論裡，這一個動量守恆律是不能成立的，因為它並**不完備**。我們如果在四維時空中只考慮了三維動量，就好像只考慮三維向量中的兩個分量而已，這麼做是不完整的，因為在旋轉之下，各個分量會混在一起，所以我們必須把三個分量全包括在我們的定律之內。

因此在相對論裡面，我們必須把原來的三維向量動量守恆律，擴充成爲四維向量動量守恆律，亦即給它加上一個**時間**分量守恆律。我們如果想保有相對論性不變性（relativistic invariance），就**一定要**加上這第四個分量的守恆律。能量守恆律正是這第四個守恆律，它配合上動量守恆律，就成爲空間與時間幾何中一個正確的四維向量關係。所以，能量與動量守恆律以四維空間記號來寫，就成爲

$$\sum_{\text{粒子進}} p_\mu = \sum_{\text{粒子出}} p_\mu \tag{5.13}$$

或者，以稍微不同的記號來寫就成爲

$$\sum_i p_{i\mu} = \sum_j p_{j\mu} \tag{5.14}$$

式子中，$i = 1, 2, \cdots\cdots$代表碰撞前的粒子，$j = 1, 2, \cdots\cdots$代表碰撞後的粒子，而$\mu = x$、y、z或t。或許你會問：「我們用的是哪個座標系呢？」答案是守恆律其實與座標系毫無干係，也就是無論我們用的是什麼座標系，每個分量都遵循守恆律。

在討論向量分析的時候，我們還談過另一件事，就是兩個向量的內積，現在讓我們看看這內積在時空中究竟是怎麼回事。在普通的座標旋轉之後，我們發現有個量不變，那就是$x^2 + y^2 + z^2$。在四維時空座標裡，跟它對應的那個不變量則是$t^2 - x^2 - y^2 - z^2$（見(5.3)式）。那麼我們如何來表示這件事呢？有個辦法是畫一個四方

的框框，中間加上一個方點，就好像A_μ ◈ B_μ。另一個實際爲人所用的記號是

$$\sum_{\mu}{}' A_\mu A_\mu = A_t^2 - A_x^2 - A_y^2 - A_z^2 \tag{5.15}$$

上式中Σ右上角加了一撇，所代表的意思是第一項，也就是「時間」項是正的，其餘三項都跟在負號後面。前面說過，這個量完全不受座標變換的影響，我們可以把它叫做四維向量長度的平方。

那麼，單一個粒子的四維向量動量之長度平方，究竟是多少呢？我們知道它等於$p_t^2 - p_x^2 - p_y^2 - p_z^2$，換句話說，它就是$E^2 - p^2$。那麼$E^2 - p^2$又是多少呢？既然它不受座標系變換的影響，如果我們用的座標系是跟著這個粒子一塊跑的話，它的值當然也同樣不變。而在這個座標系中，粒子是靜止不動的。如果粒子靜止不動，它就沒有動量，所以在此座標系中，粒子的能量等於它的靜質量，所以$E^2 - p^2 = m_0{}^2$。也就是說，任何物體的四維向量動量之長度平方，等於該物體的$m_0{}^2$。

從上面的向量平方，我們可以依樣畫葫蘆，定義出一種「內積」，此乘積是一個純量：如果a_μ是一個四維向量，b_μ是另一個四維向量，則它們之間的純量積就是

$$\sum{}' a_\mu b_\mu = a_t b_t - a_x b_x - a_y b_y - a_z b_z \tag{5.16}$$

這個量在任何座標系中維持不變。

最後我們要來談一談靜質量爲零的東西，譬如說光子。光子本身像是一種粒子，因爲它帶有能量與動量。光子的能量等於某個稱爲普朗克常數的定値乘上光子的頻率：$E = h\nu$，而光子的動量等於普朗克常數除以波長：$p = h/\lambda$（此公式對其他任何粒子均適用）。

不過，光子性質較特殊，它的頻率跟波長之間有個明確的關係：$\nu = c/\lambda$。（每秒的波動次數，乘上波長，就是光在一秒鐘內所行進的距離，當然也就是光速c。）因此我們馬上可以看出來，光子的能量必須等於動量乘以c。

在$c = 1$的單位中，**光子的能量與動量剛好相等**。既然靜質量的平方等於能量平方減去動量平方，那麼光子的質量便等於零。這倒是很奇怪的結果。如果一個靜質量等於零的粒子停了下來，會發生什麼事呢？事實上**它永遠不會停下來**，永遠是以光速在運動！

平常的能量公式是$m_v = m_0/\sqrt{1-v^2}$。我們若把這方程式運用到光子身上，由於$m_0 = 0$及$v = 1$，是否我們可以說光子的能量也是零呢？我們**不能**說它是零，光子雖然完全沒有靜質量，但它實質上能夠（也的確是）具有能量，它不停的以光速運動而帶有能量！

我們還知道任何粒子的動量等於該粒子的能量乘上它的速度：在$c = 1$的單位中，$p = vE$；在一般的單位中，$p = \frac{vE}{c^2}$。對於以光速運動的任何粒子而言，在$c = 1$之下，$p = E$。

(5.12)式可以告訴我們，從一個移動的座標系來看，光子的能量究竟是什麼，只是我們必須讓(5.12)式中的動量等於能量乘以c（即乘以1）。由於在座標變換之後，能量改變了，這表示光子的頻率也改變了。這就稱爲「都卜勒效應」，我們只要利用$E = p$與$E =$

$h\nu$，就很容易可以從(5.12)式算出頻率的變化。

正如數學家閔考斯基（H. Minkowski）所說的：「空間本身，以及時間本身，都將淪爲僅是影子而已，只有某種空間與時間的結合能夠生存下去。」

第6堂課

彎曲空間

物質的存在所造成的扭曲現象，

實際上包含了整個時空。

舉凡依照愛因斯坦理論預期的結果，

若跟牛頓力學觀念有明顯差異的話，

大自然都選擇跟隨愛因斯坦的理論走。

6-1 二維的彎曲空間

根據牛頓的理論：萬物之間都有吸引力，強度跟兩物體之間的距離平方成反比；任何物體對力的反應則是加速度，而加速度跟所施加的力之大小成正比。

這兩個理論也就是牛頓的萬有引力定律與運動定律。我們知道這兩個定律講的，就是物質世界裡我們常見到的一切運動的原因，諸如撞球、行星、衛星、星系的運動等等。

愛因斯坦對重力定律有不同的解釋，依照他的理論，空間與時間必須合在一塊考量，構成所謂的時空，而此時空在巨大的質量附近會因而**彎曲**。這個彎曲，可不是牽涉在內的當事者蓄意，或是有什麼原因讓它改了道。對當事者來說，它走的仍是跟平常一樣筆直的「直線」，但是落到旁觀者眼裡就不是那麼回事了。這是一個非常非常複雜的觀念，在這最後一堂課裡，我們要把這個觀念好好解釋一下。

我們這堂課的主題本來應該分成三部分，其一是重力的影響，其二是關於我們已經研討過的時空觀念，最後才牽涉到時空彎曲的觀念。不過我們一開始就要把這個主題簡化，暫時先不去談重力，也略去時間方面的考量，而直接去探討彎曲空間。其他部分我們隨後也會談到，不過目前我們得先把全副心思集中在彎曲空間上，搞清楚彎曲空間到底是什麼意思，以及更確切的說，愛因斯坦到底是要用它來幹什麼？

不過即使問題已經簡縮到這麼小，要一下子直接用三維空間來考量，還是相當困難。所以我們又再退而求其次，把問題縮減到二維空間裡，來看看「彎曲空間」是什麼意思。

爲了要瞭解二維的彎曲空間，我們還必須先有個認識，就是住在這種空間中，視野極爲有限。爲了符合實情，我們只得運用想像力，假設有一隻沒有長眼睛的蟲，像圖6-1所示，住在一個平面上。牠只能夠在該平面上移動，因而全然沒有機會或方法得知「外面的世界」(牠當然也沒有我們人類的想像力)。

我們當然是要以比喻來作解釋。因爲**我們**住在一個三維的世界裡，而我們無法在熟悉的三維之外，憑空想像出另外一維來，所以我們只好用類比的方式，想出答案來。就好像我們是住在一個平面上的蟲，雖然平面之外另有空間，但卻因爲感官上的不足，無緣從觀感去認識。所以我們只得先從蟲的觀感研討起，記得牠必須待在自己的平面上，絕對無法離開。

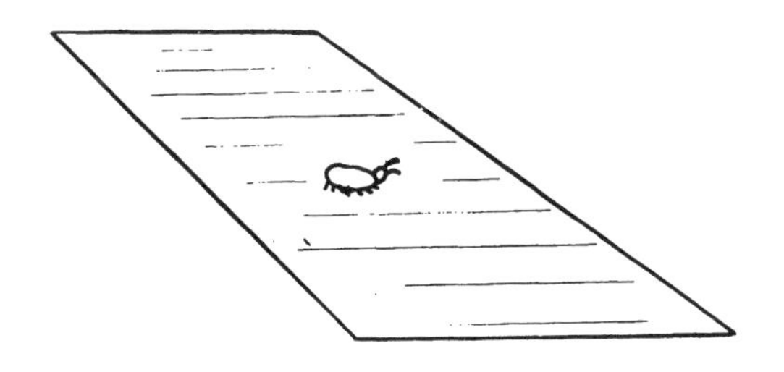

圖6-1　平面上的一隻蟲

另外一個也是屬於蟲住在二維空間的例子，是我們假設牠住在一個球的表面上。我們想像牠能夠在球面上到處走動，就像圖6-2所畫的一樣。但是牠卻完全不能往「上」、往「下」、或是往「外」看。

接著我們要考慮的**第三**隻動物，牠依然是隻同樣的蟲。也正如同第一隻蟲一樣，住在一個平面上。只是牠的這塊平面有點奇特，平面上的溫度並非到處相同。還有這蟲本身以及牠所持有的直尺，都是由同樣的物質構成，一加熱就會膨脹。任何時候只要牠用直尺去測量東西，這根直尺就會隨著被測地點的溫度而自動調整長度，熱脹冷縮。而且當這隻蟲把任何東西擺放在平面上時，包括牠自己、牠的直尺、以及其他任何東西，一切都會按照當地的溫度即刻自動膨脹或收縮。也就是每樣東西都會熱脹冷縮，並且每樣東西的膨脹係數都完全相同。

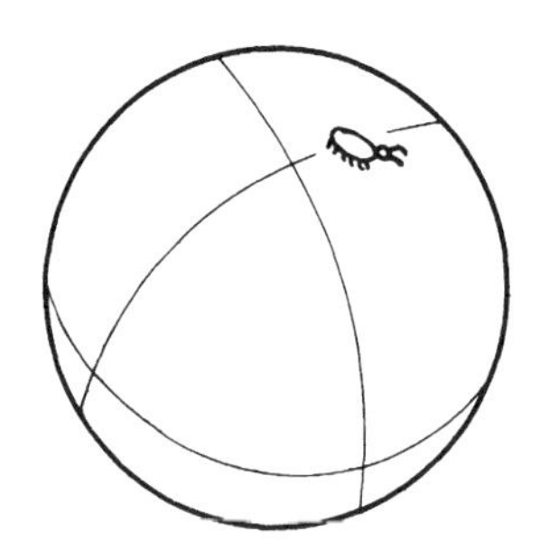

圖6-2　球面上的一隻蟲

這第三隻蟲的家，我們簡稱爲「熱板」。這個熱板也是滿特別的，中心部分溫度較低，愈往邊緣走，溫度就愈高（見圖6-3）。

現在我們得想像，這幾隻蟲開始上課念幾何學。雖然根據我們的假設，牠們都是瞎子，完全看不見「外面」的世界。但是牠們有腿、有觸鬚，並且個個能幹非常，牠們能畫線條，能製造直尺，並用直尺來量長度。

首先，我們假定牠們從最簡單的幾何概念開始，就是學畫直線，當然直線的幾何學定義不外是兩點之間最短的線。如圖6-4所示，我們的第一隻蟲很快就學會了畫很好的直線。

那麼，在球面上的第二隻蟲如何呢？牠按照定義所說，在兩點之間很滿意的畫了一條「直線」，如圖6-5所示，因爲**對牠**來說，那是那兩點之間最短的距離，完全符合直線的要求。然而在我們看來，那根本不是一條直線嘛！但是由於這隻蟲不能離開球面，當然也就不可能發現，兩點之間「眞的」還有一條更短的線。不過牠只知道**在牠的世界裡**，任何連接這兩點的線都比牠的那根「直線」

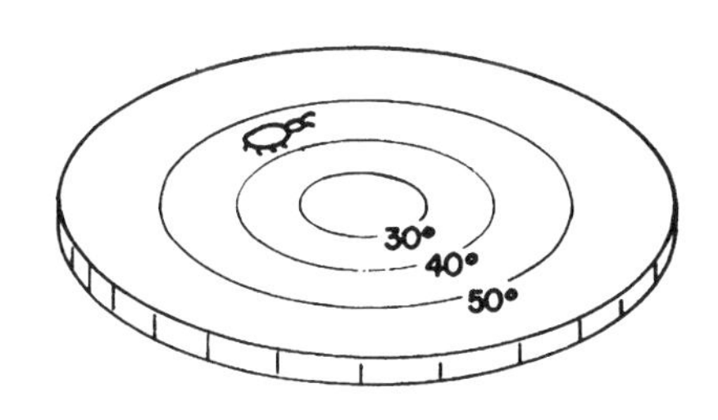

圖6-3　熱板上的一隻蟲

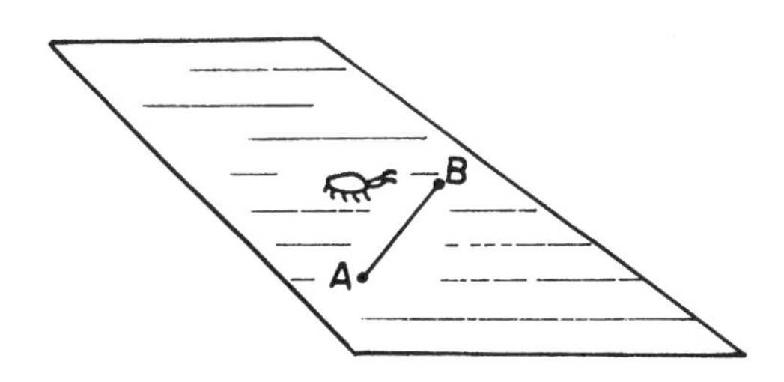

圖6-4 在平面上畫「直線」

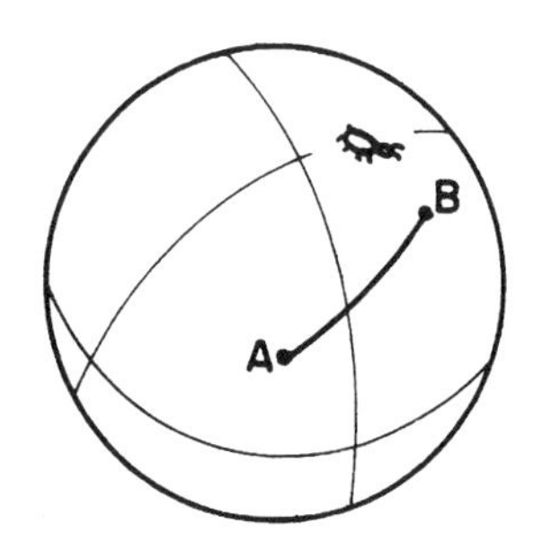

圖6-5 在球面上畫「直線」

長。所以我們也就不得不任由牠去，把兩點之間最短的圓弧當直線看待了！（當然此處所謂最短的圓弧，就是通過這兩點的大圓的弧。）

最後在圖6-3裡的第三隻蟲，也會畫出我們看起來是曲線的「直線」來，就好像圖6-6裡所顯示的一樣，*A*與*B*之間的最短距離

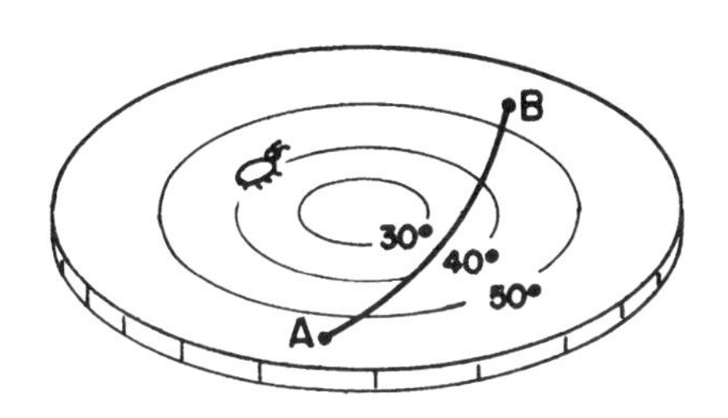

圖6-6　在熱板上畫「直線」

由這隻蟲量來，居然是條曲線。為什麼會這樣呢？

因為當牠量到熱板上溫度較高的部分時，牠的直尺發生了膨脹（這是從我們全知的觀點來看），所以當牠用一根直尺的長度，做為單位來量*A*與*B*之間的距離時，同樣的距離量出的單位數，在較熱的地方就會少些。**對牠**來說，這條線是直的沒錯，牠萬萬不會料到，有陌生的三維空間世界的高人在場，會選擇另一條量起來反而長了些的線為「直線」！

經過這樣子的解釋之後，我們希望你現在總該瞭解，此後的一切分析，永遠是站在特殊表面上的那隻蟲的觀點，而非**我們**的看法。有了這層認識之後，讓我們繼續來看，蟲的幾何學還有些什麼奇怪現象。

讓我們假設，這幾隻蟲都學會了如何畫兩條互相垂直的線。（你可以去想想，牠們究竟該怎樣去畫這兩條線。）然後，我們那第一隻蟲（在正常平面上的那一隻）發現了一個有趣的事實，當牠從*A*點畫了一條100英寸長的直線，然後向右拐個直角，畫了另一條長100英寸的直線之後，同樣再向右拐個直角，又另畫一條長100英寸的直線，最後等拐了第三個直角，畫了第四條長100英寸的直線後，牠發現這最後一條直線的終點，剛好就是原來開始的起點*A*，就像圖6-7(a) 所表示的一樣。這是屬於這隻蟲的二維平面世界的特質，牠的幾何學中的事實。

接著牠又發現了另一件有趣的事情，那是如果牠任意畫了三條直線，圍成一個三角形，其中三個內角之和總是等於180度，也就是兩個直角之和。請見圖6-7(b)。

然後這隻蟲發現了圓。什麼是圓呢？圓可以用如下的方法畫出來：你只要從同一個點，朝四周不同方向畫上許許多多直線，再在每根線上找出一個點來，跟原點都保持一定的距離。最後再把這些線上諸點連接起來，就大功告成了。請見圖6-7(c)。（當我們定義這些細節時，必須非常小心，因爲我們還得確定，待會兒其他的蟲也能夠做類似的事。）當然它跟我們一般熟悉的圓規畫法或繩墨畫法，道理沒有什麼不同。無論如何，那隻蟲學會了畫圓。

然後有一天，這隻蟲想到要量一量圓周長度，於是牠大大小小量了好幾個圓之後，發現了一個很棒的關係，那就是不管圓是大是小，圓周長永遠是半徑*r*長度的一定倍數（當然所謂半徑，就是中心到圓周曲線的距離）。那個圓周長度對半徑的一定比率約等於6.283，這個數值是個定值，跟圓的大小無關。

現在讓我們看看，其他兩隻蟲對於**牠們的**幾何學有什麼發現。首先我們且看那隻球面上的蟲正試著畫一個正方形，結果是怎樣呢？如果牠依照我們上面所給的畫正方形的方法，牠會認爲這方法

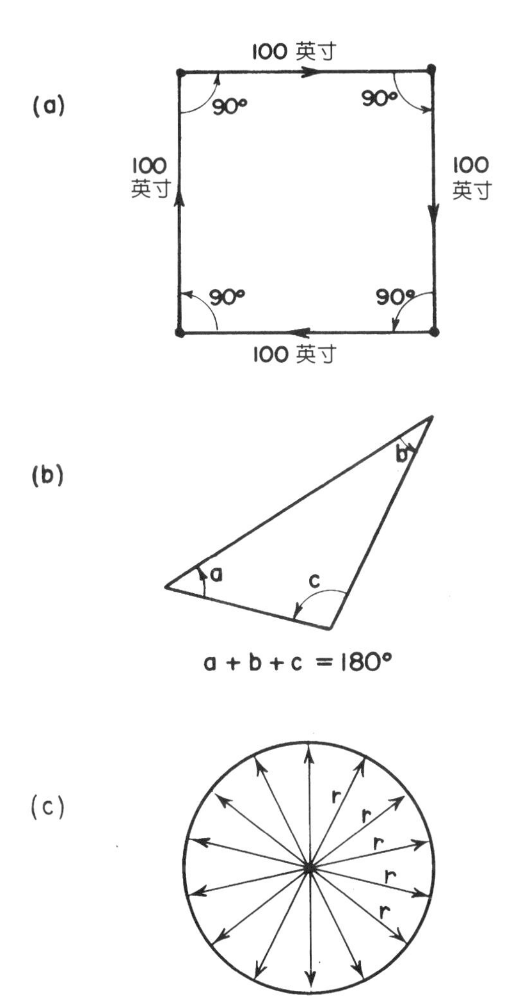

圖6-7　平坦空間內的正方形、三角形、圓

大有問題，因爲牠畫出來的圖形就跟圖6-8所示的相似，終點*B*永遠跟起點*A*岔開，不在同一點上，所以根本不成一個四方形，更說不上是正方形了。大家不妨找個球來，在球的表面上畫一番試試。

而住在熱板上的那隻蟲，情況也很相像。如果牠在熱板上用牠那把熱脹冷縮的直尺，畫出直交的四條「等長度的直線」，結果就是圖6-9所顯示的樣子。

現在假定我們這幾隻蟲，各自都有一位歐幾里得級的幾何大師在身旁，告訴牠們幾何學的內容「應該」如何如何，大師每教導牠們一件事情，牠們都做成**小**尺寸的模型，並且粗略的量度了一番。但是等到牠們仔細去畫超大尺寸的正方形時，才發現有些地方不太對勁了。

重點是，牠們只需用到**幾何測量**就可以發現空間上不尋常的問題。我們可以把**彎曲空間**定義爲：具有不同於期望中平面幾何學性

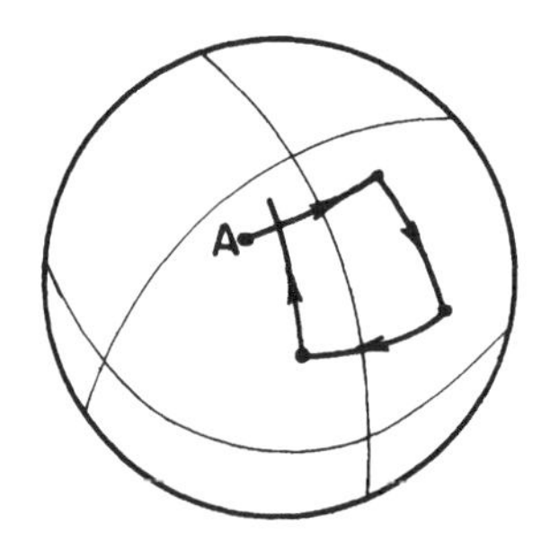

圖6-8　在球面上畫「正方形」

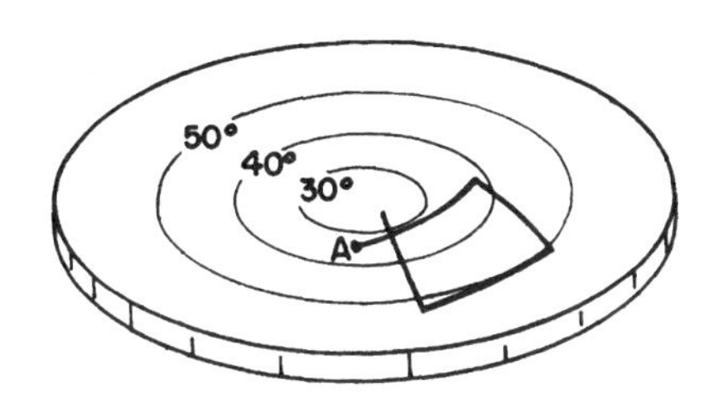

圖6-9　在熱板上畫「正方形」

質的空間。若是以例子來說明的話，那麼在球面上跟熱板上的蟲的幾何學，就是彎曲空間的幾何學。在這麼簡單的例子裡面，我們就能發現歐氏幾何學與事實乖違；甚至在二維空間裡，就能證明我們這個世界是彎曲的。基於同樣道理，蟲爲了證明牠是否住在一個圓球上，並不一定非得繞著圓球走完一圈才算數。而且如果那確實是個平面，或是一個非常大的球面，那麼蟲終其一生也走不出個所以然來。但是牠卻可以簡單的在地上畫個正方形，就能找出答案來啦！不過，若是畫的正方形尺寸不是很大，就必須畫得非常非常精確，才派得上用場，要是自知精確度不是頂好，那麼就只有把尺寸盡可能放大來彌補囉。

接下來讓我們看看平面上的三角形，三內角之和應該等於180度。我們住在球面上的小朋友，會發現這條定理不對，牠甚至發現三角形的**三個內角可以都是直角**！圖6-10所顯示的就是這樣的一個三角形：假定我們那隻蟲從球的北極出發，順著一條直線走到球的赤道，在那兒做一個直角右轉，然後筆直前進，走一段跟前面那段

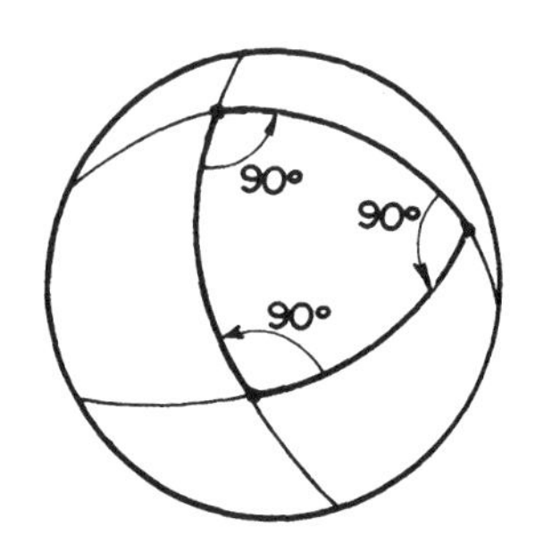

圖6-10 在球面上，「三角形」可以是由三個直角構成。

距離相等的路，然後再做一個直角右轉，再走一段距離相等的路，牠就剛好回到原先的出發點：北極。

所以對這隻有過這趟旅遊經驗的蟲來說，三角形的三個內角毫無疑問的可以都是直角，也就是加起來等於270度。牠倒是發現，三角形三內角之和**總是**大於180度。事實上，三內角之和比180度多出來的部分（如上例就是90度），跟三角形的尺寸大小成正比。換句話說，如果所畫的三角形非常之小，則牠的三內角之和只比180度大一丁點而已，隨著三角形的尺寸變大，兩者之差就變得愈來愈大。熱板上的蟲也會發現，牠們的三角形有類似的問題。

接著讓我們瞧瞧其他兩隻蟲畫的圓，牠們也用同樣的方法畫圓，並在畫好之後去量圓周的長度。如圖6-11所示，在球面上生活的蟲，依照上述方法畫了圓後，發現圓周的長度比半徑乘上2π的積要**短了些**。（我們因拜三維空間之賜，一眼就能看出來蟲所認為的「半徑」是彎曲的，因而事實上比那個圓的眞正半徑要**長了一些**。）

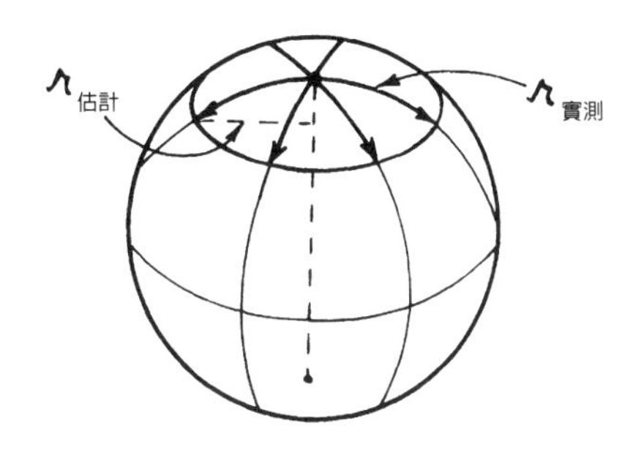

圖6-11　在球面上畫圓

記得那隻球面上的蟲曾經學過歐氏幾何學，牠量出圓周長後，把圓周長C除以2π，去估計半徑的長度，亦即：

$$r_{\text{估計}} = \frac{C}{2\pi} \tag{6.1}$$

然後牠發現這個計算出來的估計值，比實際去測量出來的半徑長度短些，爲了研究其中原委，牠把兩者的差距定義爲「多出來的半徑」（excess radius），寫下來就是：

$$r_{\text{實測}} - r_{\text{估計}} = r_{\text{多出來}} \tag{6.2}$$

然後牠去找出多出來的半徑與圓的大小之間有關係。

我們在熱板上的蟲也發現相似的現象，假定牠依照圖6-12所顯示的步驟，畫了一個以冷點爲中心的圓周。如果我們仔細看牠一步步操作，就會注意到，牠的直尺在中心點附近較短，待牠逐漸量到外圍時，直尺變得較長，牠當然渾然不覺。蟲量圓周時，直尺總是

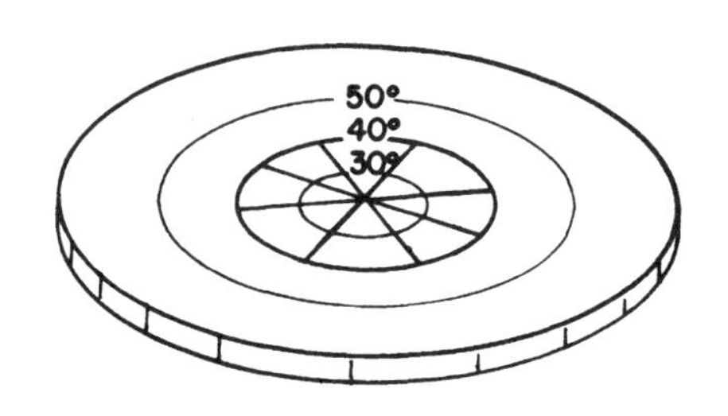

圖6-12 在熱板上畫圓

較長的，所以牠發現半徑的實測值，比依照公式（$C/2\pi$）計算出來的估計半徑要長了些。熱板上的蟲也被「多出來的半徑的效應」所煩惱。並且牠同樣發現，熱板上多出來的半徑也跟圓的大小有關。

說到這兒，我們可以進一步**定義**「彎曲空間」爲：凡是類似這種幾何學誤差會發生的地方，諸如三角形的三內角和不等於180度啦、圓周長不等於半徑的2π倍啦、以及畫正方形時收不了口等等。你們也可以想想其他的現象。

以上我們舉了兩個不同的彎曲空間例子：一個是球面，一個是熱板。但是有一件非常有趣的事是，如果我們把熱板上溫度隨距離的變化，弄得恰到好處的話，上面的**幾何**現象就會跟球面上的完全相同。你說妙不妙哉！我們可以使熱板上的蟲測得的幾何，跟球面上蟲測得的幾何完全一樣。你們中間一定有不少人喜愛幾何學、對解幾何題有興趣，我們接著就要告訴你如何做到這樣。只要你假設直尺的長度（由於靠溫度決定，因此是溫度的函數）與「距熱板中心的距離平方乘上某個常數，再加1之後得到的數值」成正比，你會發現，熱板上的幾何，跟球面上的幾何，所有細節★ 都完全一樣。

當然除了這兩種彎曲空間之外，還有許多其他種類的幾何學，譬如說，我們可以去探討一隻住在一個梨形物表面的蟲，牠的世界裡的各種幾何現象。梨形物上的曲率，有的地方大，有的地方小，以致於上面的蟲在畫尺寸相同的小三角形時，其三內角之和超出180度的數值，各處並不一樣。換句話說，彎曲空間不必處處同調一致。一般來說，這些不規則的曲率，都可以在一個平面的熱板上，用適當的溫度分布模擬出來。

我們還應該指出一點，在不同的彎曲空間裡也會發生另一種反向的差異。比如，三角形尺寸夠大時，三內角之和可以**小於**180度。聽起來似乎不可能，事實上一點也不困難，最容易看得出來的是把熱板上的溫度分布顚倒過來，讓熱板中心的溫度變得最高，外緣部分則離中心距離愈遠，溫度愈低。如此一來，熱板上的幾何異常情況，就跟我們前面所描述的剛好相反。

其實我們也可以利用純幾何的方法達到同樣的目的，用一個如圖6-13所示的馬鞍形表面的二維幾何。讓我們想像在這樣的表面上，先選出一個中心點來，然後把和這中心點等距離的許多點連接起來，成爲一個「圓」。這個圓等於是上下振盪遊走的曲線，呈現

★原注：除了無限遠的那一點以外。

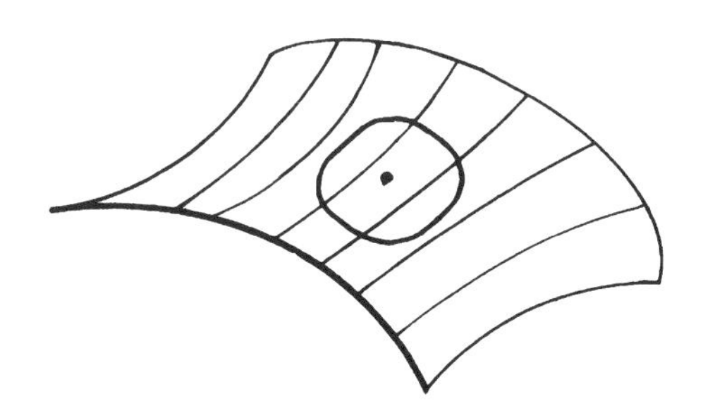

圖6-13 馬鞍形狀表面上的「圓」

所謂的貝殼效應。因而它的周長一定會比由公式$2\pi r$計算出來的大。所以這回所用的半徑長度r，比$C/2\pi$要來得小。亦即多出來的半徑變成負值的了。

前面所討論的梨形面、球面、中冷外熱的熱板等，都是所謂**正**曲率的曲面，而馬鞍形表面及中熱外冷的熱板，則是**負**曲率曲面。一般說來，在二維的世界，曲率也可各處不同，其中有些是正曲率，有些則是負曲率。總而言之，在我們提到某處空間彎曲時，就是指該處的幾何性質不遵守歐氏幾何學的定則，跟後者有了出入。而曲率的大小，例如定義爲多出來的半徑之類的，則可能隨處變化，各不相同。

這兒我們應該指出來，根據我們對曲率所下的定義，一個如圖6-14所示的圓柱或圓筒的表面，反而不是彎曲的，你說奇怪不奇怪？在圓筒表面上爬行的蟲發現，舉凡前面提過的三角形啦、正方形啦、以及圓啦，不論大小，所具有的一切幾何學性質都猶如它們

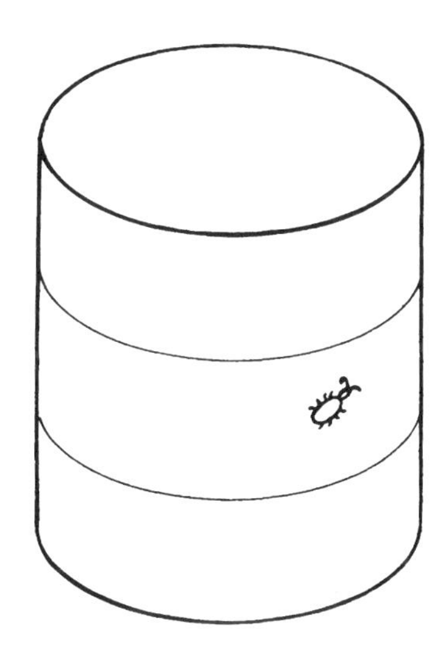

圖6-14　零內在曲率的二維空間

是畫在平面上一樣。

我們很容易就看出其中端倪來，知道它不過是把平面捲了起來而已，任何幾何圖形都跟在平面上一樣。所以住在圓筒上的蟲，（假定牠只做些小區域的活動，不曾去環遊圓筒一圈的話，）是不可能發覺牠的空間是捲曲的。因此，純以技術觀點來衡量，我們認爲這隻蟲住的空間**不是**彎曲的。

我們所談論的曲率，比較正確的說法，應該限於**內在曲率**（intrinsic curvature），它的定義是：靠局部區域的測量就可發現的曲率。（因此圓筒按此定義，它的內在曲率就是零。）愛因斯坦說我們的空間是彎曲時，話裡也包含著這層意思。

不過討論到現在，我們的彎曲空間還只限於二維，接下來我們得進一步討論，三維的彎曲空間又是怎麼樣一回事。

6-2 三維空間的曲率

你我就住在三維空間裡，現在我們來看看彎曲的三維空間這觀念究竟是什麼。你大概會問：「我們該如何才能想像空間會拐彎呢？」答案是我們的確無法想像空間會彎曲，原因是光靠想像還不夠。（也許沒法想得太多，反而是一件好事，這樣我們才不至於跟現實完全脫節。）不過我們仍然能夠不跑出三維的世界，就**定義**出空間的曲率。前面所討論的二維空間不過是一場熱身練習，證明我們不需要從更高維度的外邊「往裡瞧」，依然能夠描述與定義曲率。

我們可以師法住在球面上跟熱板上的兩位仁兄，利用極爲類似的方法，來決定我們的世界是否彎曲。我們也許還無法分辨球面與熱板之間有何不同，但是它們兩個與平坦空間或普通平面，是絕對混不到一塊去的。怎麼分辨呢？很簡單，我們隨便畫一個三角形，然後仔細量它的三個內角度數；或者畫一個大的圓，然後仔細測量它的周長與半徑；或者去各處畫一些正確的正方形，或是去做一個立方體出來，然後小心仔細的檢驗幾何性質，看看是否有任何異於常態的地方。只要有所發現，我們就可以說：那個異常的地方，空間是彎曲的。

如果我們畫的三角形，三個內角度數加起來超過180度，那麼這個三角形所在的空間一定是彎曲的。如果我們畫的大尺寸的圓，經仔細測量後發現：半徑長度與圓周長除以2π之後的值，明顯不同，那就可以說，這個圓所在的空間是彎曲的。

你會注意到，在三維的世界裡，情況遠比二維世界複雜得多。二維空間的任何一點上，可以有一定大小的曲率。但是到了三維空間，同一點上的曲率可以有**好幾個分量**。譬如說，我們在三維空間的某一平面上畫一個三角形，即使三角形在這平面上的位置不動，但隨著該平面旋轉了不一樣的方向，各內角的測量值就可能不同。

或者以畫圓為例。假定我們先畫了一個圓，且發現它的半徑跟$C/2\pi$之間有差距，所以它有多出來的半徑。然後像圖6-15所顯示的，我們可以另外畫一個圓，跟原先那個圓垂直，這個新圓多出來的半徑不見得一定要跟第一個圓多出來的半徑相同。事實上，很可

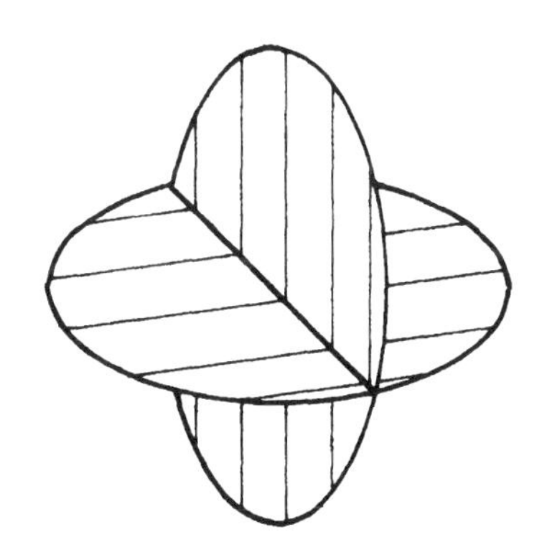

圖6-15　不同方向的圓，可能各有不同的多出來的半徑。

能是，第一個圓多出來的半徑是正值，而與它垂直的第二個圓多出來的半徑卻是負值。

也許你想到了一個比較好的方法：是否我們可以加以簡化，省略那些囉哩八唆的瑣碎平面玩意兒，直接就利用一個**球**來測試三維空間是否彎曲呢？我們可以指定這個球的表面，是由和空間中的一定點（即球心）等距離的無數點所構成。我們可以在球表面上畫滿非常細小的正方格子，然後把它們一一加起來，求得整個球的面積。根據歐氏幾何學，球表面積A等於4π乘以半徑r的平方，所以「估計半徑」就定義爲$\sqrt{A/4\pi}$。另外，我們也可以把球挖一個洞，直接去測量從球面到球心的距離。

比較這兩個半徑數值，把實測半徑減去估計半徑，差值就叫做多出來的半徑

$$r_{\text{多出來}} = r_{\text{實測}} - \left(\frac{\text{實測表面積}}{4\pi}\right)^{1/2}$$

多出來的半徑可拿來當三維空間中，很讓人滿意的曲率量度指標。它的最大優點在於它本身爲全方位的，不像畫三角形或圓，有方向上的問題。

但是球的多出來的半徑也有缺點，它無法完全表達出它所代表空間的特性來。它告訴我們的是，那個三維世界的所謂**平均曲率**。由於它是把各種曲率全給混在一起了，只是一個籠統的平均值，因此難以從它清楚看出，究竟在幾何學上出了什麼樣的毛病？如果你只得到這樣一個數值，根本無法判定那個空間內的各種幾何學性

質，因為你無從判斷不同方向的圓各具有什麼特性。如果眞要能夠既完全、又明確的定義出任何一點的彎曲性質來，我們需要六個「曲率數」。當然，數學家知道如何寫出這一組六個數來。將來有一天，你可能從某一本數學書裡讀到這些曲率數既高等、又優美的形式。不過，你最好先大概知道你想要寫出來的究竟是什麼。以我們目前大部分主要的目的來研判，平均曲率已足以滿足需求了。★

6-3 我們的空間是彎曲的

現在該是最主要的問題上場的時候了。那就是：我們實際生存的這個三維世界是彎曲的嗎？

自從我們有了足夠的想像力，瞭解到空間會有彎曲的可能時，人類好奇的天性很自然的想要知道，這個眞實世界是否眞是彎曲的。過去有許多人試著去直接測量，但是都沒有發現任何差異。一

★原注：我們還應該順便再加上一點，也是跟完整性有關的事：如果你希望把熱板模型的彎曲空間，從二維擴充到三維來應用時，你還必須想像，那一把直尺的長度不只是跟它量度的地點有關，而且還跟擺放的方向有關。我們前面的討論，實際上已經採用了一個廣義化的步驟：我們假設直尺的長度僅只跟地點有關，方向上則無關，亦即不管它兩端分指的是南北、東西或上下，都假設它沒有任何差異。在我們用熱板模型來解釋任何三維彎曲空間時，這是應該考量的重點之一，雖然在二維時被我們省略，但卻不可不知。

直要等到愛因斯坦在研究重力的立論過程裡，發現空間**確實是**彎曲的。接下來我們將要告訴你，愛因斯坦的定律是有關曲率大小的，並且還要告訴你一點點歷史，就是愛因斯坦當年是如何發現這檔子事的。

根據愛因斯坦的說法，空間是彎曲的，曲率的來由是物質。（由於物質也是重力的來源，所以重力跟空間彎曲有關，我們會在這一堂課稍後談到。）爲了把事情簡化一些，在此必須先做一項假設：物質是連續不斷分布的，只是各處密度不同而已。★

愛因斯坦的曲率定則是這樣的：如果在一個內含物質的空間裡，我們劃分出一個球形來，此球體積不大，以致其中物質分布均勻，各處密度都等於ρ。那麼在這樣的條件下，該球**多出來的半徑**便會跟球內的質量大小成正比。依照多出來的半徑的定義，我們可得：

$$\text{多出來的半徑} = r_{\text{實測}} - \sqrt{\frac{A}{4\pi}} = \frac{G}{3c^2} \cdot M \qquad (6.3)$$

式子中的G是重力常數（即牛頓定律中的常數），c是光速，而$M = 4\pi\rho r^3/3$是該球內的質量。這就是愛因斯坦的空間平均曲率定律。

★原注：如果物質是集中在幾個點上的話，沒有人知道該拿它怎麼辦，即使愛因斯坦也不例外。

假設我們拿地球當例子，先不理會地球各處密度不同的事實，我們就可以省略掉所有積分的手續。在這樣的假設情況下，假定我們非常仔細丈量了地球的表面積，然後挖一個地洞直達地心，實際測量到地球的半徑。從量得的地球表面積A，我們利用表面積等於$4\pi r^2$的假設，算出半徑的估計值。我們把估計半徑與實測到的半徑比較，發現實測半徑比估計半徑大，超過的量就是(6.3)式。常數$G/3c^2$大約相當於每公克2.5×10^{-29}公分，也就是說，地球的每1公克質量，會使得實測半徑比估計半徑多出來2.5×10^{-29}公分。於是我們可以從地球的總質量，相當於6×10^{27}公克，算出了地球多出來的半徑大約等於0.15公分，這麼大個地球就只有這麼一丁點兒差異！◆ 用同樣的方法來計算太陽，你會發現它多出來的半徑大約有500公尺那麼長。

這兒我們應該注意到，愛因斯坦的空間平均曲率定律告訴我們，一旦到了地球表面**以上**，**平均**曲率就會趨近於零。但並**不**等於說曲率的每個分量都等於零。理論上，事實上也正是如此，在地表上空的不同方向上，仍然具有相當程度的曲率。如果我們在空中任選一個平面，畫上一個圓，仍然可能發現該圓具有正或負的多出來的半徑。我們再把那個平面轉了一個方向，則它多出來的半徑大小會改變，而且正值可能變成了負值，或負值變成了正值。

◆原注：這是近似，因為我們明明知道，地球內的密度並非如同我們所假設的和半徑無關。

原則上，在任何一個球形空間**內**，只要沒有包含質量，它的平均曲率得等於零。

除此之外，一個地點的曲率所包含的不同方向分量，跟它附近不同地點的平均曲率**變化**之間，還有一定的關係。所以如果我們知道每一個地點的平均曲率，就可以計算出每一個地點上各曲率分量的詳細情況。比方說，地球上空平均曲率隨著高度改變，所以該處空間是彎曲的。這個平均曲率的變化，也就是我們所感受到的重力現象。

讓我們再回頭看看平面上的蟲，假如該「平面」上有一些青春痘似的小疙瘩在上面，看不見東西的蟲每遇到一個疙瘩，就會下結論說，牠的世界裡又多出來一個局部曲率。我們在三維空間內也有類似的情形，空間中只要是有一堆物質的地方，就會有局部曲率出現，所以我們可以把物質想像成三維空間裡的青春痘。

如果我們在遍布小疙瘩的平面上，弄出許多大起伏來，使得整個平面形成了像球面似的大曲面。我們極希望能夠知道：太空中，除了有一些由於地球跟太陽等物質堆造成的「小」疙瘩之外，是否底子裡還另有一個淨平均曲率？

天文物理學家就一直在測量非常遙遠的星系，試探著想找出這個問題的答案來。譬如說，如果我們發現跟我們同處於一個超級大球面上的星系數目，與我們從球半徑估算出來的應有數目有差距的話，就可以算出這個超級大球多出來的半徑。從這樣的測量，我們希望知道，這整個宇宙平均起來是平坦的呢？還是圓的？前者猶如平面，是「開放的」；而後者則好像是球面，是「封閉的」。

你大概已經聽說過，科學家還在爲這件事辯論。因爲大家對天文測量的看法完全不統一，實際測出的數據也不夠精確，難以求得叫人信服的答案來。因此，非常不幸的事實是，對於我們這個宇宙大尺度上的整體曲率，目前仍是半點兒觀念都沒有。

6-4 時空幾何

接著我們必須來談談時間。狹義相對論告訴我們，空間的測量跟時間的測量互有關聯，而且是無論空間中發生什麼事，此事必然會牽連到時間。

我們之前討論過，測量者本身的速率，對時間的測量更有決定性的影響。譬如說，我們觀望一位先生乘坐太空船呼嘯而過，會看到他和他周遭的一切，比起我們這兒的步調都緩慢了一些。或者這麼打比方好了，這位先生原本是咱們中的一員，然後他坐上太空船，以高速出去轉了一圈回來，**根據我們的手錶**，這趟旅遊他離開了100秒整，但是他的手錶卻說只有95秒，其實不只是他的手錶，他身上所有的東西，包括他的心跳，全部都慢了下來。

現在，讓我們考慮一個有趣的問題，假定你就是坐太空船的那位先生，我們要求你得到訊號之後，才開動太空船出去旅遊，然後在下一個訊號發出前，剛好趕回到出發點，兩次訊號之間的間隔是**我們的**時間100秒整。另外你還被要求在旅途上能待得**愈久愈好**，那是要以**你的**手錶爲憑。那麼你該採取怎樣的行動呢？你應該停在那兒完全不動！因爲只要你出發一動，回來的時候，你的手錶所記錄的時間就會比100秒短。

但是如果我們把上面這個問題稍微改動一下，假定我們要求你，在第一個訊號發出時從*A*點出發去旅遊，根據我們的時鐘100秒整之後，剛好到達另一*B*點。*A*、*B*兩點對我們來說，都是固定點。同樣你被要求在旅途上待得愈久愈好，這是以你的手錶爲憑。那麼你該怎麼辦？你在*A*、*B*兩點之間應該走哪條路徑，採取怎樣的行程，才能在**你的**手錶上記錄下最長的時間呢？

這次的答案是你必須以等速率、沿著*A*、*B*兩點之間的直線移動，才能從**你的**觀點感覺在旅途上待得最長久！理由呢？任何有異於此的一切舉動，以及其他任何不必要的高速，都會使得你的時鐘慢下來。（這是由於因速度而發生的時間膨脹，是取決於速度的**平方**。一旦跑得過快而失去了時間，就是永遠失去了，不能在以後藉由跑得特別慢而彌補回來。）

我們此處提了這些，主要目的是要借用這項觀念，來定義時空中的「一條直線」。本來直線是純空間的玩意兒，在時空中可與之類比的東西，應該是指：朝向一固定方向的等速度**運動**。

而空間中最短距離的連線，在時空中的對應項目卻不是有最短時間的路徑，反而是有**最長**時間的路徑。之所以有這奇事，原因在於：相對論的時間那一項，正負號跟空間三軸分量相反。所謂「直線」運動，亦即「沿一直線等速度」運動，也就是帶著一隻錶，從一定點的一定時間出發，然後在另一定點及另一定時間到達，而所帶著的那隻錶記錄下最長時間的運動方式。這也就是時空中相當於直線的定義。

6-5　重力與等效原理

現在我們可以來談談重力定律。愛因斯坦在發表了狹義相對論之後，就致力於開創一套能夠跟相對論相容的重力理論。剛開始的一段時期內，他頗不順利，直到他終於搞清楚了一個非常重要的原理，才帶領他順利到達目的地，得到正確的定律。

那個原理所根據的觀念，就是當一件物體成爲自由落體時，其中所包含的一切似乎全都處於失重狀態。譬如說，一顆在繞地球軌道上運行的人造衛星，是在朝著地球自由降落，衛星中的太空人就會覺得完全失去了重量。

這個觀念，以更爲貼切的說法來表達的話，就叫做**愛因斯坦的等效原理**（Einstein's principle of equivalence）。它依據的是以下的事實：一切物體，不論其質量、材質有多麼大的不同，皆以完全相同的加速度自由降落。舉個例子，假使我們有一艘太空船正在進行慣性飛航，那麼它就是處於自由落體狀態。而太空船裡有位人士，那麼支配人跟船下落的定律是一樣的。如果那位人士把他自己擺在太空船裡，且一動也不動的待在那兒，**相對於太空船**而言，他都沒有下落的現象。這就是我們所說的，那位人士是處於「失重狀態」。

現在假設你坐在一艘正在加速的太空船裡面。這加速是指相對於什麼而言哪？我們就說，火箭引擎在運轉，對太空船產生了推力，所以太空船不是在慣性飛航、不是一個自由落體。同時我們還得想像，這艘太空船早已在空曠的太空之中，實際上完全沒有受到重力的影響。如果該太空船正在以「一個g」的加速度往前衝的話，你就可以直立站在船艙的「地板」上，並且感覺到你平常的身體重量。如果這時候你手中有個球，只要你一鬆手，它就會「掉」到地板上去。

為什麼會這樣呢？因為這艘船正在「向上」做加速度運動，離了手的球，由於失掉了對它作用的力，遂停止繼續做加速度運動，因而相形落後。由太空船中的你看來，倒是好像球以「一個g」的加速度下落。

現在讓我們把以上所說的情況，跟一艘停在地球發射台上的太空船內部看到的情形，做個比較，結果發現兩者**完全一樣**！你同樣是站在船艙地板上、同樣感覺到體重壓在腳板上；讓球脫手，則球同樣以一個g的加速度掉到地板上。事實上，你要如何才能確定你的太空船是停在地面上，還是正在太空中加速呢？依照愛因斯坦的等效原理，你若是只測量船裡面發生的一切現象，就根本無法做區分！

不過要是我們夠仔細的話，嚴格說來，上面的說法並非對太空船裡面各部分都成立。地球表面上的重力場並不是各處完全一樣的，也就是說，在不同的位置，球往下落的加速度並不全然一樣，大小跟方向都有細微的差異。不過如果我們把地面上的重力場想像成全然一致，那麼就跟等加速系統在各方面都相仿。而這就是愛因斯坦等效原理的依據。

6-6 重力場中的時鐘走速

現在我們要借用等效原理，來解釋重力場中發生的一件怪事。我們即將證明給各位看，有一件在太空船裡會發生的事情，而你很可能不敢相信它也會在重力場中發生。

如次頁的圖6-16所示，假設我們把一具時鐘擺在一艘太空船的頭部或前端，然後把另一具完全相同的時鐘，擺在船的尾端。讓我們分別給它們取名為*A*鐘與*B*鐘。如果太空船正在加速前進，我們把兩具鐘做個比較，就會發現*A*鐘走得比*B*鐘快些！

想弄清楚其中原委，讓我們想像*A*鐘每秒放出一道閃光，而你坐在太空船的尾端，記錄閃光到達的時間，再跟身旁*B*鐘的滴答聲做比較。我們可以從圖6-17裡看到，假設太空船處於*a*位置時，*A*鐘發出第一道閃光，而當閃光到達後面的*B*鐘時，船已到達*b*位置。待會兒當*A*鐘發出下一道閃光時，船的位置是*c*，而當這第二道閃光到達*B*鐘的時候，船已到達*d*位置。

第一道閃光到達*B*鐘之前，走了L_1距離，而第二道閃光則走了L_2距離，L_2比L_1短些，因為太空船正在加速，它在發出第二道閃光時的速度，比在發出第一道閃光時的速度要快些，所以如果這兩道閃光在從*A*鐘發出時，時間間隔正好是一秒的話，它們到達*B*鐘時，時間間隔就不到一秒了，因為第二道閃光在路途上沒有用到那麼多時間。而且只要太空船繼續加速，這個效應就會一直持續下去。

所以當你坐在太空船尾端時，你的確會看見*A*鐘走得比*B*鐘快。

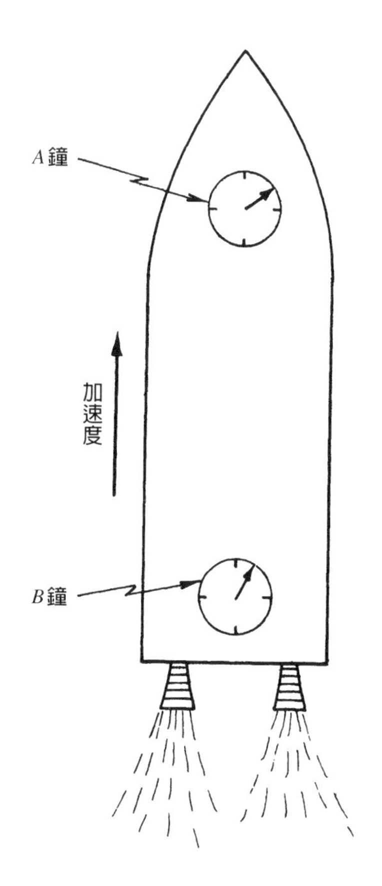

圖6-16 載有兩具時鐘的太空船正在加速

如果你走到前面去，坐在A鐘旁邊，叫B鐘閃光，然後你根據閃光的到來時刻，與A鐘的滴答聲比較。由於一切都跟前面的推理情況相反，你會發現B鐘走得比A鐘**慢些**。這件事經過剖析之下，確實

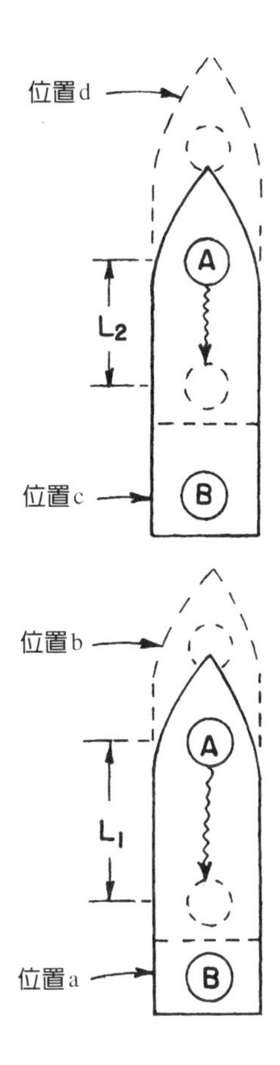

圖6-17　正在加速的太空船中，前端時鐘看起來走得比尾端時鐘快些。

一切都合情合理，一點也不神祕！

那麼，讓我們想想一艘停放在地球重力場中的太空船。果然，**同樣的事也發生了**！如果你坐在地板上，手裡拿著一具時鐘，然後抬頭望著高處架子上的另一具時鐘，你就應該看到架子上的時鐘，走得比你手中的時鐘快些！

聽到這兒，你會說：「不對！兩個鐘的時間應該一樣。沒有加速度運動，沒道理兩時鐘走速會不同。」但是如果等效原理沒錯的話，兩個時鐘的走速必定不同！而且愛因斯坦堅稱等效原理**確實是**正確的，還勇敢並正確的走下去。他主張：位於重力場中不同位置的鐘，一定會看起來走得不一樣快。但如果有一個時鐘**看起來**總是跟其他時鐘不同步調，那麼就那個時鐘而言，**是**其他時鐘的走速不同。

你瞧，這個時鐘怪現象，跟我們前些時候在討論熱板上的蟲時提到的熱直尺現象，相當神似。在那個例子裡，我們想像不僅只是直尺一樣東西，其他一切包括蟲本身在內，都必須以同樣比例熱脹冷縮，所以蟲完全無從知道當牠在熱板上到處跑的時候，牠用來量距離的標準直尺的長度，事實上是在隨著溫度脹縮。在這個時鐘例子裡也一樣，所有我們擺到更高處的時鐘，還有心跳、新陳代謝等等，只要高度相若，變快的程度都一樣。

如果不是這樣的話，我們就能區分重力場與正在加速的參考座標系。各處時間居然快慢不一這個觀念，實在難以叫人衷心認同，但這可是愛因斯坦的觀念，更重要的是，這個觀念是正確的，不管你相信不相信。

利用等效原理，我們還能夠計算出來，在重力場中高度不一樣時，時鐘的快慢差異究竟會是多少。我們就是直接計算加速運動中的太空船裡面兩個時鐘的差異，正是重力場中的情形。這樣做的最簡單方式，是利用《費曼物理學講義I》第34章裡都卜勒效應的結果。在那一章的 (34.14) 式是說，如果v是光源與接收器之間的**相對**速度，那麼**接收**頻率 ω 跟**發射**頻率 ω_0 之間有如下關係：

$$\omega = \omega_0 \frac{1 + v/c}{\sqrt{1 - v^2/c^2}} \tag{6.4}$$

現在如果我們考慮圖6-17的加速中的太空船，其中的光源與接收器在任何時刻的速度都相同，但是在閃光訊號從A鐘傳送到B鐘這段時間內，太空船的速度增加了，事實上多出來的速度等於gt，g就是加速度，而t就是光線從A行進到B所走過的距離H除以光速c。所以當閃光訊號到達B點時，該船的速度已經增加了 gH/c。接收器的速度**比光源的速度**總是大些，其間差距一直等於gH/c，所以這個差距就是都卜勒效應公式 (6.4) 式裡面，光源與接收器之間的相對速度v。又我們考慮到加速度與太空船長度都不很大，那麼這個速度v跟c比起來相當小，我們可以省略掉v^2/c^2項，因此，

$$\omega = \omega_0 \left(1 + \frac{gH}{c^2}\right) \tag{6.5}$$

所以太空船裡的兩具時鐘之間，有如下的關係：

$$(\text{接收處看到的時鐘快慢}) = (\text{光源處的時鐘快慢})\left(1 + \frac{gH}{c^2}\right) \tag{6.6}$$

公式中的H就是光源比接收器**高**出來的距離。

根據等效原理，在地球重力場內，兩個時鐘的高度差若是等於H，該兩具時鐘之間的快慢關係，也必須跟(6.6)式完全一樣，其中的g就是自由落體加速度。

這個觀念非常重要，重要到我們必須用其他的物理定律，從另一個角度來加以確認，以證明它的確就是如此。我們利用的物理定律是能量守恆律。我們知道一件物體在重力場中受到的力，跟該物體的質量M成正比，而M跟它的全部內能E之間的關係是$M = E/c^2$。比方說，在核反應裡，一種原子核遷變成另一種原子核牽涉到能量的改變，釋放出來的**能量**跟原子**量**的前後質量消失，就與這個方程式所預測的結果完全一樣。

現在讓我們考量一個原子，它全部能量的最低能態是E_0，而E_1是更高的能態。原子可經由發射光，而從高能態E_1降到低能態E_0。所發射的光，頻率爲ω，該頻率跟前後能態的關係是

$$\hbar\omega = E_1 - E_0 \tag{6.7}$$

現在假定我們有這樣一個在E_1態的原子，先是擱置在地板上，我們把它從地板上舉到高度H。當然我們必須做些功，把它的質量$m_1 = E_1/c^2$反抗重力舉高了距離H。所做的功也就是

$$\frac{E_1}{c^2}\,gH \tag{6.8}$$

這時候我們讓這個原子釋放出來一個光子，因而降落到低能態E_0，然後我們再把它的位置降低，放回到地板上。由於在它被放回地板時，質量已變成了E_0/c^2，所以我們拿回來的能量只有

$$\frac{E_0}{c^2}\,gH \tag{6.9}$$

也就是整個來回這一趟裡，我們對這個原子做了的淨功等於

$$\Delta U = \frac{E_1 - E_0}{c^2}\,gH \tag{6.10}$$

當這個原子發射光子時，它釋放的能量相當於$E_1 - E_0$。現在讓我們假設：那個釋放出來的光子，方向是朝下射向地板，到地板之後被吸收。那麼在被吸收時有多少能量傳送到地板上呢？你一開始可能會認爲，傳送到地板的能量就是$E_1 - E_0$。但是若要滿足能量守恆，這顯然不大對勁。請見以下的論證。

你仔細想想，我們開始的時候是有一個具有能量E_1的原子在地板上。而結束時，這個原子回到了地板上，不過能量已經降低到E_0，另外加上從光子得到的能量$E_{光子}$。而在來回過程中，我們還另外供應了一些能量，也就是(6.10)式中的ΔU。那麼如果能量確實是守恆的話，最後在地板上的能量和，必須等於原先開始的能量加上我們中途曾做過的淨功。以方程式表示就是

$$E_{光子} + E_0 = E_1 + \Delta U$$

或

$$E_{光子} = (E_1 - E_0) + \Delta U \tag{6.11}$$

這式子明白告訴了我們，那個光子來到地板上的時候，所攜帶的能量**不**只是它剛被釋放時的$E_1 - E_0$，而必須**多出一些些能量**。如果我

們把(6.10)式中的ΔU，代入(6.11)式，就能得到光子來到地板時所攜帶的能量，亦即

$$\boldsymbol{E}_{\text{光子}} = (\boldsymbol{E}_1 - \boldsymbol{E}_0)\left(1 + \frac{\boldsymbol{gH}}{\boldsymbol{c}^2}\right) \tag{6.12}$$

但是我們知道，有著$E_{\text{光子}}$能量的光子，其頻率$\omega = E_{\text{光子}}/\hbar$。把**發射**光子的頻率稱爲$\omega_0$，則根據(6.7)式，$\omega_0 = (E_1 - E_0)/\hbar$，我們把這兩個高低處頻率代進(6.12)式，就又得到了(6.5)式。

這同樣的結果，還可以從第三個方式獲得：一個頻率爲ω_0的光子，所具有的能量等於$E_0 = \hbar\omega_0$。因爲能量E_0會具有重力質量E_0/c^2，所以光子也有由能量而來的質量$\hbar\omega_0/c^2$（**不是**靜質量），而被地球「吸引」。在它下落了高度H後，而獲得能量的增加，增加部分等於$(\hbar\omega_0/c^2)\,gH$。所以它掉下來之後的能量就是：

$$\boldsymbol{E} = \hbar\omega_0\left(1 + \frac{\boldsymbol{gH}}{\boldsymbol{c}^2}\right)$$

但是它掉下來之後的頻率變成了$E/\hbar$。把它代入上式，我們又再度得到(6.5)式。

從以上各個舉證看來，我們的結論是：唯有愛因斯坦所主張的重力場中時鐘走速快慢不一致的理論成立，其他所有的現代物理觀念，包括相對論、量子物理、能量守恆……等等，才能彼此貫通、互爲印證。

不過，這兒所談的頻率改變，通常小之又小。譬如在地球表面高度相差20公尺時，頻率的改變不過僅僅10^{15}分之2。雖然差距如此細微，可是利用梅斯堡效應（Mössbauer effect）做的實驗*，

證明愛因斯坦的這項理論百分之百正確！

6-7 時空的曲率

現在我們要把剛才談的內容，跟彎曲時空連貫起來。我們之前已經指出，時間的消逝率若是隨著地方不同而分別有快慢的現象，性質上就非常類似熱板上的二維彎曲空間。不過這不僅只是兩邊看來相似而已，它意味著，時空**確實是**彎曲的。

接下來讓我們嘗試畫一些時空的幾何圖形，起初聽起來可能會覺得奇怪，但是我們一般是把一軸代表距離（高度H），另一軸代表時間t，就像次頁圖6-18(a) 的樣子。

假設我們要在時空裡畫個矩形，我們任取一件待在B點、高度爲H_1的**靜止不動**物體，然後記錄它在100秒內的世界線（world line，即它在四維時空中的路徑）。我們會得到圖 (b) 的BD那條線，它跟t軸平行。

接下來我們另取一件也是靜止的物體，不過在$t = 0$時，它的位置A比B點高出了100英尺，見圖6-18(c)，然後我們同樣記錄它在100秒內的世界線。但這回我們是用A點上的時鐘計時，於是畫出來就成了圖 (d) 裡面的A到C。

★原注：請參考R. V. Pound and G. *A*. Rebka, Jr., *Physical Review Letters* Vol. **4**, p. 337 (1960)。

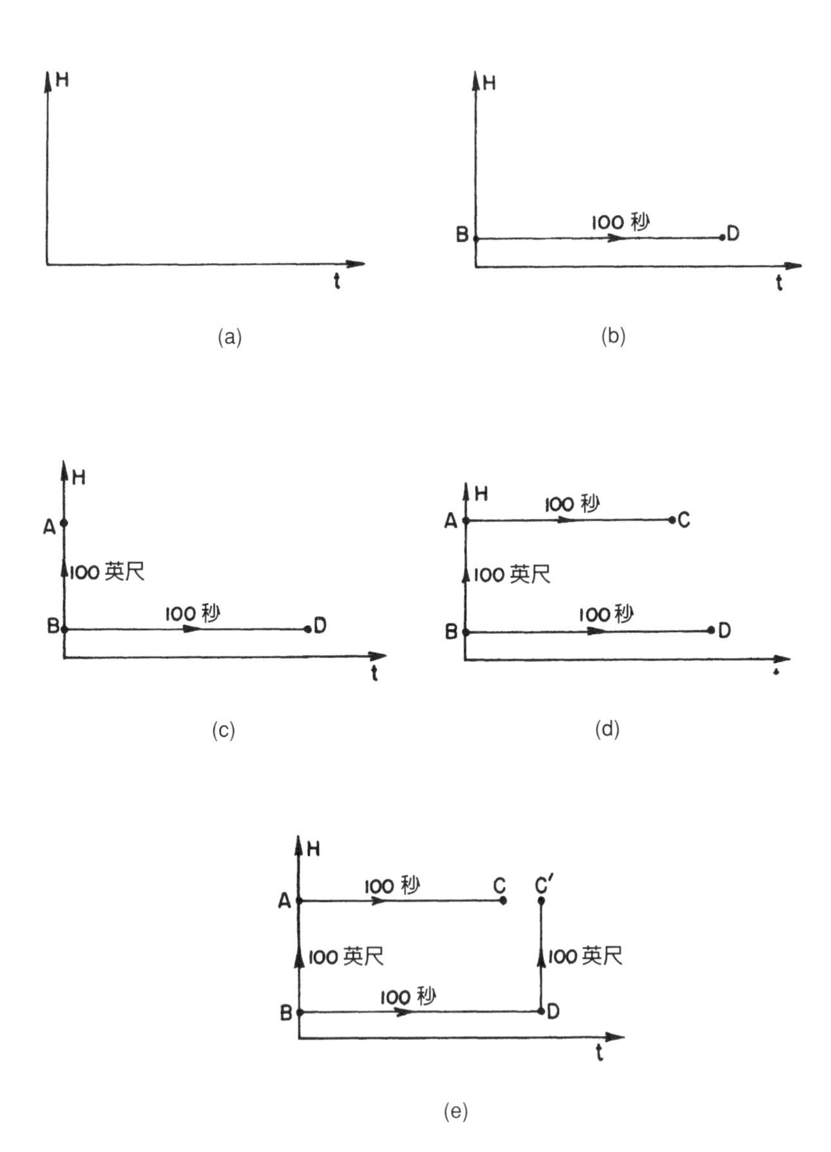

圖 6-18　在時空中試畫一矩形

此處我們需要注意，由於重力場的存在，不同高度的時鐘走得不一樣快，以致於C與D兩點並不同時。

如果我們從D點畫一條線直上到C'，C'點與D點同時，但比D點高出100英尺，結果就會有如圖6-18(e)。矩形最後差了一點點，不能合攏起來，而這就是爲什麼我們說時空彎曲了的意思。

6-8 彎曲時空中的運動

讓我們來考量一件有趣的小難題。問題的背景是這樣的：我們有一模一樣的A跟B兩具時鐘，就像圖6-19所表示的樣子，它們都給人擱在地球表面上。現在我們把時鐘A舉高到離地面的地方，讓它在那兒待上一陣子，然後再把它擱回到地面上來。在它回到地面的時候，時鐘B必須剛好到達第100秒。由於時鐘A在高處停留時走

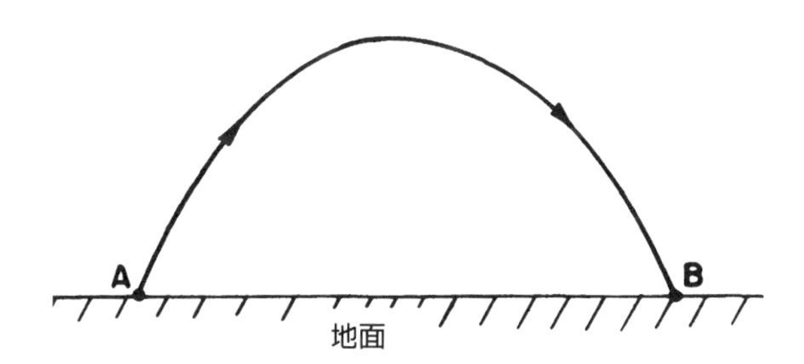

圖6-19　在均勻的重力場中，彈道拋物線是限定時間內，得到最大原時讀數的正確路徑。

得比較快，此時它的讀數不會只是第100秒，而可能已經到達第107秒左右。

我們此處遇到一個問題，那就是：該如何移動時鐘*A*，才能使得它在回到地面的時候，讀數最大？注意特別要記住，時鐘*A*必須要在時鐘*B*到達100秒時準時回來。

你可能會脫口而出說道：「這還不簡單！只要把時鐘*A*儘量舉高，愈高愈好，那麼它就會走得愈快，回來的時候，當然讀數就會最大！」

答錯了！你顯然忘記了一件事，那就是我們移動時鐘*A*，前後總共只限定爲100秒，包括舉起跟放下動作。如果我們把它舉得非常高之後再放回來，時鐘*A*勢必得移動得非常快才行。那麼你可還記得，狹義相對論告訴我們，運動中的時鐘必須乘上一個修正因子$\sqrt{1-v^2/c^2}$，因而指針會**走得慢些**。這個相對論效應，可使得時鐘*A*走得比時鐘*B***慢**，剛好跟我們把時鐘*A*舉高的目的相反。

所以你瞧，我們面對的是個兩相抗衡的場面：如果我們壓根兒不挪動時鐘*A*，它就是走了100秒。如果我們慢慢把時鐘*A*舉到一個不太高的高度，然後又把它慢慢放下來，如此我們可以使得時鐘*A*讀到稍微大於100秒的數值。如果我們稍稍再把它舉得更高一點，讀數又可能會稍微增大一點點；但是如果把它舉得過高，就必須把它移動得快些，但這樣反而使得時鐘*A*走得慢了些，最後，時鐘*A*的讀數說不定反而比100秒還小。

所以我們需要擬出怎樣一套計畫來呢？也就是究竟應該把時鐘*A*舉到多高？上去、下來用的速率又是應該多快？又如何去調配這種種細節，才能在限定的100秒（時鐘B）之內剛好趕回來，並且得到最大的時間讀數呢？

答案是：我們可以試著拿一個球往天上拋，然後任由它自己落下來，只要球待在空中恰好100秒，正是我們所要的答案。假定我們可以把時鐘A綁在球上，然後把球向上拋出，那麼時鐘A跟隨著球快速上升、上升速度減慢、停留、下降回到地面，這樣的運動正好可使時鐘A得到最大的時間增長讀數。

現在讓我們把上述「遊戲」內容稍稍更改一些：假設有A跟B兩點都在地球表面上，不過中間相隔一段距離。我們剛才所玩的拋球遊戲，可說是直上直下，現在則是要從A點丟出，到B點落地。問題同樣是：如何才能在限定的剛好100秒之內（依據地面上一具固定的時鐘），把另一只時鐘從A點移送到B點，達到時鐘記錄下最長時間的目的？

對於這個問題，你大概會答：「我們之前曾討論，最長的時間是沿著兩點之間的直線，以等速率做慣性飛航。如果我們不走直線，速率就得加快，時鐘就相對慢了下來。」但是等一會兒！那是我們還沒有把重力因素考慮進去時的說法。現在是否應該向高處去繞個彎之後再轉回來，以便我們有機會趁著身處高空時，讓我們的時鐘走快一些呢？

答案確乎如此。如果你解這個運動曲線的調整問題，好讓移動中時鐘的經過時間最長，最後得到的曲線解，是一條拋物線，就像圖6-19裡所畫的重力場中的自由彈道。

所以在重力場中的運動定律也可以這麼描述：**任何一件物體從**

一點移動到另一點所走的捷徑，總是跟伴隨物體一起運動的時鐘能夠給予最長時間的路徑一致，當然這得有個但書，就是它的初始條件與終端條件相同。在移動中的時鐘所計量的時間，通常叫做該時鐘的「原時」(proper time)。自由落體的軌跡，可使得物體的原時爲最長。

讓我們看看這是怎麼得來的。我們可以從 (6.5) 式著手，那個方程式告訴我們，運動中時鐘的走速**增快**了：

$$\frac{\omega_0 gH}{c^2} \tag{6.13}$$

除此之外，我們還必須記得，時鐘的運動速率會造成相反的影響，也就是會讓時鐘的走速慢下來，這個效應寫成方程式就是

$$\omega = \omega_0\sqrt{1 - v^2/c^2}$$

雖說此原理適用於任何速率，不過我們例子裡的通常比 c 要小很多。我們可以把這個方程式改寫成

$$\omega = \omega_0(1 - v^2/2c^2)$$

也就是說，運動中的時鐘跟固定時鐘之間的差別等於

$$-\omega_0\frac{v^2}{2c^2} \tag{6.14}$$

結合 (6.13) 與 (6.14) 兩項，我們得到

$$\Delta\omega = \frac{\omega_0}{c^2}\left(gH - \frac{v^2}{2}\right) \tag{6.15}$$

這就是兩具時鐘之間的移頻（frequency shift），表示如果固定時鐘B所記錄的時間是dt，時鐘A所記錄下來的時間則是

$$dt\left[1 + \left(\frac{gH}{c^2} - \frac{v^2}{2c^2}\right)\right] \tag{6.16}$$

而這時鐘A在整個運動過程裡所多記錄下來的時間，應該是把上式扣掉dt之後的餘項加以積分，亦即

$$\frac{1}{c^2}\int\left(gH - \frac{v^2}{2}\right)dt \tag{6.17}$$

這個積分值應當是最大值。

式子中的gH項，其實就是該物體的重力位能ϕ。接下來我們把整個方程式乘以一個常數因子$-mc^2$，其中m就是該物體的質量。乘上任何一個固定正數，最大值應該仍然維持爲最大值，但若乘上一個負數，則會把最大值一變而爲最小值。換句話說，「時鐘A在整個運動過程裡，多記錄下來的時間爲最長」的條件是

$$\int\left(\frac{mv^2}{2} - m\phi\right)dt = \text{最小值} \tag{6.18}$$

結果我們發現上式的被積函數，正是該物體的動能與位能之差！如

果你有興趣，可以翻閱《費曼物理學講義II》第19章，就可以看到我們對「最小作用量原理」（least action principle）的討論，並且證明了：對於處在任何位勢中的物體，牛頓定律正好可以寫成跟(6.18)式完全一樣的形式。

6-9 愛因斯坦的重力論

愛因斯坦的運動方程式主要是要求：在彎曲時空中，原時應爲最大値。其實在我們日常的低速情況下，套用愛因斯坦公式的結果跟原來的牛頓定律算出來的結果，並沒有我們能測量出來的差別。但是當美國太空人古柏（Gordon Cooper）乘坐人造衛星繞地球運行時，他戴著的手錶所記錄的時間，是他以前從未有過的最長原時，也比當他所坐的人造衛星改走了其他任何路徑的原時長了些。★

所以重力定律還可以運用這個讓人印象深刻的時空幾何觀念來敘述。也就是在時空中，粒子經常遵循具有最長原時的路徑，這個量猶如空間中的「最短距離」。這就是重力場中的運動定律。如此敘述的好處是，這個定律不受任何座標變換的影響，或是任何其他

★原注：此處所謂的最長原時，嚴格說來，只是**局部**最大值。我們應該說，他的原時比**附近**任何路徑的還長。譬如說，人造衛星所走的是一條橢圓形繞地軌道，若是拿它跟砲彈所走的上升之後又落下之彈道或拋物線相比的話，就很難說它的原時比較長些。

定義場合的方式所左右。

現在讓我們把以上所討論過的做個總結，我們告訴你下述兩個愛因斯坦重力定律：

(1) 當有物質在場時，時空幾何是如何受到影響、隨之改變呢？具體的說法是：曲率可用多出來的半徑來表達，而多出來的半徑大小與球內質量多寡成正比，(6.3) 式。

(2) 如果只有重力的影響，物體如何運動呢？具體說法是：在相同的初始條件及終端條件下，物體的運動路徑總是原時爲最大的那一條路徑。

這兩個定律可對應於我們所熟悉的兩種古典力學定律。以往我們都依據牛頓的平方反比重力定律，以及牛頓運動定律，來描述重力場中的運動。現在重力定律 (1) 跟重力定律 (2) 完全取代了它們。這兩個新定律還跟我們在電動力學裡看到的自然現象互相對應。在電動力學定律裡面，有一套馬克士威方程，決定了由電荷所產生的電磁場。它告訴我們帶電物質的存在，對「空間」這項性質會產生什麼樣的影響，其間的關係就跟重力定律(1)之於重力場完全一樣。此外，我們另有一條定律描述粒子在電磁場內移動的情形：$d(mv)/dt = q(\mathbf{E}+v\times\mathbf{B})$。而此方程式與重力定律(2)之於重力場，關係又是相同。

雖然我們經常見到，有人以遠較複雜的數學形式，企圖表達愛因斯坦的重力論。不過我們應該還要加上一點，那就是：正如時間尺標會隨著重力場中地點不同而變更，長度尺標也不例外。用來測量長度的直尺，到了不同地點，本身就會有不一樣的長度。

由於時空中的時間與空間如此緊密的混合在一起，以致於不可能在時間上有了變化的時候，長度能夠置身事外。就拿一個最簡單的例子來說，當你乘坐太空船飛過地球，從**你的**觀點裡看到的「**時間**」，有一部分是**我們**從地球望去認爲的空間，因而兩邊各自認爲的空間，也必然有所不同。也就是說，物質的存在所造成的扭曲現象，實際上包含了整個**時空**，那遠比我們前面討論的時鐘快慢，更複雜一些。

事實雖然如此，(6.3) 式所規範的，卻已經完全足以決定與重力相關的所有定律。只要我們瞭解，這個方程式所訂立的空間曲率定則，不僅適用於一個人的觀點，而是同時適用於每一個人的觀點。某人在快速駛過一塊物質時，他看到的該塊物質的質量，跟該塊物質的靜質量不同，因爲該塊物質對他說來在動、有速度，具有相對的動能，所以他還得把這份動能換算成質量，加進該塊物質的總質量內。

理論上，對每一個人來說，無論他的移動速度是多少，當他隨意畫一個圓球時，都會發現這個球多出來的半徑等於 $G/3c^2$ 乘上該球所包含的全部質量（更好的說法是，等於 $G/3c^4$ 乘上該球內全部能量）。這就是說，前面所說的重力定律 (1) 在任何運動系統中都成立。這個偉大的重力定律，稱爲**愛因斯坦場方程式**（Einstein's field equation）。

另一個偉大的重力定律就是定律 (2)，它規定一切東西運動時的路徑，都必須遵照原時為最大値的條件，這個定律稱為**愛因斯坦運動方程式**（Einstein's equation of motion）。

要把這兩條定律進一步完全寫成代數形式，以便與牛頓定律直接做比較，或是據以去找出跟電動力學的數學關係來，仍然是困難重重。所以這兩個主要以文字敘述的重力定律，就是目前我們對重力物理學最接近完美的表述形式了。

雖然當我們考量一般情況時，它們跟牛頓力學計算出來的結果往往相當符合，但並非次次皆然。有三個著名的古典牛頓力學失效的事例，都是由愛因斯坦率先推算出來，再由別人加以證實的：水星的軌道不是一個固定的橢圓形；星光在經過太陽附近時會發生偏折，偏折的程度是原先想的兩倍之多；以及重力場中的時鐘走速隨地點不同而有差異。舉凡依照愛因斯坦理論預期的結果，若跟牛頓力學觀念有明顯差異的話，大自然都選擇跟隨愛因斯坦的理論走。

最後讓我們把這堂課所說的一切，做個結論。

第一，時間的快慢與距離的大小，會取決於你做測量時的地點與時刻。這就等於說，時空是彎曲的。從測量一個球的表面積A，我們可以估算出該球的半徑$\sqrt{A/4\pi}$，然而實際測量出來的球半徑，會比這個估計半徑稍大，兩者之差與此球內所含的總質量成正比（比例常數即是$G/3c^2$）。這項條件準確決定了時空曲率的大小，而且不管由誰看來、如何運動，這曲率都一樣。

第二，在如此的彎曲時空裡，粒子循著時空「直線」（具有最大原時的軌跡）運動。

這就是由愛因斯坦所表述的兩個重力定律的內容。

附錄

附錄一

最偉大的教師

——《費曼物理學講義》紀念版專序

費曼教授垂暮之年，他的盛名早已超越科學的藩籬。他在擔任「挑戰者號」太空梭失事調查委員會成員期間的成就，帶給他廣泛的新聞曝光機會。同樣的，一本關於他早年遊蕩冒險經歷的暢銷書，則使得他成爲一位幾乎與愛因斯坦齊名的民間英雄。但是早在1961年，或是在他因爲榮獲諾貝爾獎（1965年）而在大眾心目中知名度起飛之前，費曼在科學界已經不只是著名而已，簡直就是傳奇人物了。當然，他在教學上那極爲出色的本事，也有助於傳播並充實了理查·費曼的傳奇。

他是一位眞正偉大的教師，很可能是他自己那個時代以及我們這個時代的教師中最偉大的一位。對費曼來說，講堂就是戲院，教師就是演員，在負責傳遞事實與數據之餘，還必須提供戲劇性場面和聲光效果。他會在教室前面來回走動，同時揮舞著雙臂。

《紐約時報》曾這麼報導：「他是理論物理學家加上馬戲班的吆喝招徠員的一個不可思議的組合。各式各樣的肢體語言與聲效，能用的全給他用上啦！」。不論他的演講對象是學生、同事或是一般民眾，對於有幸親身見識費曼演講的人來說，這種經驗通常都是不同凡響的，而且是永難忘懷的，就像費曼本人給人的印象一樣。

只此一家，別無分號

費曼是創造高度戲劇效果的高手，很能吸引講堂中每一位聽眾的注意力。許多年以前，他開了一門高等量子力學課，聽講人數眾多，其中除了少數幾個註冊修學分的研究生之外，幾乎整個加州理工學院的物理教師全到齊了。有一堂課，費曼開始解釋如何用圖畫來代表某些複雜的積分：這根軸代表時間，那根軸代表空間，一條扭動的線取代了這條直線，等等。在描述完一幅物理學裡所謂的費曼圖後，他轉過身來，面對著滿屋子聽眾，一臉頑皮的露齒而笑，大聲說道：「而這就是那鼎鼎有名的圖！」費曼說的這句話，就是該場演講的結尾，整間講堂立即爆出轟然掌聲。

在他如期教完一次加州理工學院大學部新生的物理課程，並隨即把所講解的內容編輯成了這部教科書《費曼物理學講義》之後，在很多年內，費曼仍不時應邀到新生物理課去客串講課。當然，每回他去開講，事前都得嚴守祕密，免得屆時講堂過分擁擠，修課的學生反而找不到位子。

有一回費曼去演講彎曲時空，他的表演照常是非常傑出的，只是這一次，令人難忘的一幕出現在演講的開場白裡面。當時超新星 1987 剛被人發現，費曼異常興奮。他說：「第谷有他的超新星，克卜勒也有他的超新星。接下來四百年，再也沒有其他超新星出現，如今，我終於也有了我的超新星！」

此時，教室裡是一片寂靜，費曼接著說：「我們這個銀河系裡面，一共有10^{11}顆恆星。以前這算得上是一個**巨大**的數字，但也不過是一千億而已，其實它還比我們政府的赤字來得少！我們以前總是把很大的數目稱爲天文數字，現在我們應該稱之爲經濟數字才對。」一時之間，整間教室籠罩在一片笑聲之中。而費曼在抓住了聽眾之後，就開始講他的正課。

先想清楚：學生為何要上這門課？

費曼的表演不論，他的教學技巧倒是非常簡單。在加州理工學院的檔案裡，夾雜在他的論文中間，我們找到他對教學哲學所作的總結。這是他在1952年間，在巴西寫給自己的一張字條，上面寫著：

第一件事是先想清楚，你爲什麼要學生學習這門課，以及你要他們知道哪些東西。只要想清楚了這些事，則大致上憑常識就能知道該用什麼方法。

而費曼經由「常識」的啓發所得到的結果，往往是非常高明的訣竅，完美抓住了他要表達的重點。有一回公開演講，他試圖向聽眾解釋，爲什麼根據一組實驗數據推想出一項觀念後，我們絕對不能再用這一組數據來驗證這項觀念是否屬實。在講解這個原則時，費曼居然開始談起汽車牌照，好像他漫不經心偏離了主題。他說：「你們可知道，今晚有件絕頂奇妙的事情發生在我身上。在我來此講課的路上，從停車場經過。你們絕對想不到會發生這樣巧的事，我看到一部車，車牌號碼是ARW357。你想想看，加州全境內的車牌爲數何止數百萬。在那麼多的車牌裡面，今晚能夠看到這個特殊的車牌號碼，機率會是多少呢？眞是稀奇吧！」透過費曼出色的「常識」，一個讓許多科學家覺得棘手的觀念，立刻一清二楚。

費曼在加州理工學院服務的三十五年間（從1952到1987年），費曼共開過三十四門課。其中有二十五門屬高等研究生課程，按規定只讓研究生選修，大學部的學生則得先提出特別申請，獲准之後才能選修（不過實際情形是經常有大學生申請，也幾乎每個申請人都獲得批准），其他的課多是研究生的入門課程。只有一次的課，是純粹以大學部學生爲對象，那是在1961～1962和1962～1963兩個學年內，以及1964年有一段短暫的重複。所以事實上他只在這一段著名的期間教過大一、大二物理，當時所講的講稿內容，就變成了後來的《費曼物理學講義》。

在那個時候，加州理工學院有個共識，認爲大一、大二學生對必修的兩年物理課程，大都感到枯燥乏味，而不是受到激勵。爲了彌補這個缺失，校方要求費曼重新設計一套兩年連續課程，從大一開始上，大二接著繼續上一年。當他同意接下這項任務之後不久，大家又決定，課程講義應該整理出版。

可是沒有人預料到這件差事會有多麼困難。如要拿出能夠印行的書，費曼的同事必須下極大的功夫，費曼自己也得如此，因爲每章最後定稿仍得由他來完成。

課程的種種細節必須仔細處理，但是由於費曼事先對於他要討論的內容只有個大略的綱要，使得課程的事務變得非常複雜。這意味著在費曼站到講堂前面，面對滿座的學生開口之前，沒有人知道他會講些什麼。幫助他的加州理工學院的教授們，在課後就得立即處理一些俗務，譬如針對他的演講設計一些作業等等。

讓物理學改頭換面

爲什麼費曼願意花費兩年多的時間，來改革物理學入門課的教學？他從未與人說過，我們也只能猜測，不過大概有三個基本原因。首先是他喜愛有一堆聽眾，而大學部的課程和研究所的課相比，舞台更大，聽眾更多。其次是他的確由衷關心學子，認爲教導大一學生是重要的事。第三，也可能是最重要的一點，就是單純基於接受這項挑戰的樂趣。他要把物理學按照他本人所瞭解的，改頭換面一番，讓年輕學子容易接受。

這最後一點正是他的看家本領，也是他用來判斷事情是否眞正弄清楚了的客觀標準。有一次，一位加州理工學院的教授向費曼請教何以自旋（spin）1/2粒子必須遵守費米—狄拉克統計（Fermi-Dirac statistics）。費曼很瞭解對方的程度，所以就說：「我會準備一回大一程度的演講來解釋這個問題。」可是過了沒幾天，費曼去找那位教授，告訴他說：「眞抱歉，我已經試過了，但是一直無法把它簡化到大一的程度。也就是說，我們其實還不瞭解爲什麼是這樣。」

費曼把深奧的觀念化約成簡單易懂的說法，在《費曼物理學講義》這部書中顯露無遺，尤以他處理量子力學的方式最能表現這種本事。對費曼迷來說，他所做的再清楚不過，他把路徑積分教給剛入門的學生。這個方法是他自己創造出來的，讓他得以解決一些物理學裡最深奧的難題。費曼運用路徑積分所獲得的研究成果，加上一些其他成就，爲他贏得了1965年的諾貝爾物理獎。那一年的共同得獎人是許溫格與朝永振一郎。

《費曼物理學講義》的價值

雖然時間上已經超過了三十年，許多當年上過他這門課的學生與教授說，跟著費曼學兩年物理是一輩子忘不了的經驗。但這是多年之後的回憶，當時人們的印象似乎並非如此。許多學生害怕這門課。課程進行中，修課的大學部學生出席率開始大幅降低，但同時也有愈來愈多的教授和研究生跑去聽課。教室仍坐滿了人，但費曼很可能一直不知道，他原來設想的聽眾漸漸減少了。

不過即使費曼不知道聽眾已經換了一批，他也覺得自己的教學效果不是頂好。他在1963 年爲《費曼物理學講義》寫序，裡面說：「我認爲就學生的觀點看，我並不是太成功。」當我們重新閱讀這部書時，有時我們似乎感覺到費曼本人正站在我們背後指指點點，他的對象不是那些年輕的學生，而是物理同儕。費曼好像在說：「仔細看清楚！看我這個巧妙的講法！那不是很聰明嗎？」雖然他認爲已經對那些大一或大二生把一切都解釋得夠清楚了，事實上，從他的演講中受益最多的一群，並不是那些大學新生，而是他的同行，包括科學家、物理學家、大學教授，他們才是費曼這項偉大成就的主要受益對象，他們學到的正是費曼鮮活的觀點。

費曼教授不只是一位偉大的教師，他的天賦在於他是一位非凡的老師們的老師。如果他講授費曼物理學的目的，只是為了教育一屋子大學部學生去解答考卷上的問題，我們不能說他有任何特別成功之處。此外，如果他的目的是為了寫一套大學入門教科書，我們也不能說他非常圓滿的達成了目標。

但無論如何，這套書目前已經被翻譯成十種外國語文，另有四種雙語版本。費曼自己相信，他對物理學最重要的貢獻不會是量子電動力學，也不是超流體氦的理論，或極子（polaron）或成子。他這輩子最重要的貢獻就是那三紅本《費曼物理學講義》。他本人這個信念，讓我們有充分的理由來出版這套名著的紀念版。

古德斯坦（David L. Goodstein）
紐格包爾（Gerry Neugebauer）
1989年4月於加州理工學院

附錄二

費曼序

──《費曼物理學講義》作者序

本書的內容是前年跟去年，我在加州理工學院對大一和大二同學的物理課演講。當然，書中內容並非當時演講的逐字紀錄，其間或多或少經過了一些編輯。這些演講只是整個課程的一部分。修課的學生共有180位，他們一週兩次聚在一間大講堂內，聆聽這些演講。課後，這些學生就分散成許多小組，每組約有15到20位學生，在助教的指導下作複習。此外，每週還有一次實驗課。

這些演講的用意原是爲了解決一個滿特殊的問題，這個問題就是如何維持大學新生對物理的興趣。他們從高中畢了業，進到加州理工學院來上大學，對物理非常熱中，又相當聰明。他們入學之前已經聽說過物理這門科學是多麼的刺激有趣，裡面有相對論、量子力學、以及各式各樣的時髦觀念。

不過他們在修了兩年的舊物理課程之後，許多同學就已經變得非常沮喪。因爲從那種課程裡面，他們很少聽到了不起的現代新觀念。他們所學習的淨是些斜面、靜電學之類的東西。兩年下來，同學們反而變得麻木了。因此當時我們所面對的問題是：能否設計出另一套新課程來，以便使得程度較高、較有興致的同學維持其熱忱。

這些演講絕對不是一般性的物理學介紹，而是很嚴謹的。我想要把班上最聰明的同學當作對象，但即使最聰明的同學，也無法完全瞭解演講中提到的每一件事，我想在可能範圍下盡量做到一件事，那就是在主題探討之外，提一下想法與觀念在各種情況下可能有的應用。所以我下了很大的功夫，務必使所有的說明都盡可能的精確，並且在每個情況下，隨時提醒同學，所提到的方程式和觀念如何放進物理架構中，以及他們在學了更多的知識之後，這些觀念可能得如何修正。

同時我還認為，教育優秀的學生，重點是要讓他們瞭解什麼是他們應該可以從過去所學的東西推導出來的，而什麼又是全新的概念，只要他們足夠聰明。每回遇到不一樣的觀念，如果它是可以推導的，我就會設法推導給大家看。否則我就會告訴同學，它**的確是**個嶄新的觀念，是加進來的東西，不能用以前學過的觀念來討論，所以是不能證明的。

鎖定積極進取的學生

在開始講這些課時，我假定同學離開高中之前，已經具備某些基本知識，例如幾何光學、簡單的化學觀念等等。另外我也不認為有任何理由，須把所有演講安排成一定的次序。也就是說，如果演講內容有一定的順序，那麼我在仔細討論某個概念之前，就不允許先去提到它。事實上，我會在沒有完整說明的情況下，多次先去提到以後要講的東西，然後等到一切準備妥當、時機成熟後，才進一步做詳盡的討論。例如電感、能階的討論，首先都有一些定性的介紹，以後才會比較完整的去講解。

儘管我把講課主要對象鎖定爲班上比較積極進取的同學，我希望也能兼顧到另一類同學。對他們來說，課程中那些額外的煙火以及附帶的應用，只會讓他們不安。我不期待這些同學能夠學會大半的演講內容。我的演講至少有個他**可以**理解的核心或基礎材料。我希望他們不要因爲不能完全聽懂我的演講，而緊張起來。我不期待他們能夠瞭解一切，而只是要他們能弄清楚其中最重要、最直截了當的部分。當然，同學還是需要具有某些慧根，才能分辨出來哪些是中心定理和緊要觀念，哪些又是比較高深的附帶問題和應用。那些較難的部分，他們只能留待以後去弄懂。

當時講授這門課有個嚴重的缺失，就是課程進行的方式讓我無法從學生獲得任何關於演講的建議。這的確是嚴重的問題，到了今天我仍然不知這門課的口碑如何。整件事情基本上是一場試驗。設若現在另給我機會重新來過，內容肯定不會跟上次一模一樣，不過我希望**不**必要再講一次！但我自己覺得，就物理而言，第一年的課程令人相當滿意。

第二年則不是很令我滿意，原因是第二年課程一開始，輪到討論電與磁。我實在想不出來，有什麼能夠不跟往常雷同，卻又比較有趣的講解方式，所以我認爲我對於電與磁的那些演講，沒什麼太大的作爲。講完電與磁之後，原本接下來是打算講些物質的各種性質，不過主要是講一些例如基諧模態（fundamental mode）、擴散方程式的解、振動系統、正交函數（orthogonal function）等等，也就是所謂「物理的數學方法」入門。現在回想起來，我又覺得如果我能重講一次，我會回到原來的構想。但是由於事實上並沒有重講的計畫，於是有人建議或許介紹一些量子力學可能是不錯的主意，這也就是你看到的《費曼物理學講義》第III卷。

大家都明白，希望主修物理的同學，大可以等到三年級才修量子力學。但是我這門課有許多同學，主要志趣是在別的學科上，他們只是把物理當成學習其他學科的背景知識而已。而通常一般講解量子力學的方式，會使得後面這類學生中的絕大多數，不會去選修量子力學，因爲他們沒有那麼多的時間去花在量子力學上。然而在量子力學的實際應用上，尤其是一些比較複雜的應用，像在電機工程和化學領域裡，事實上並不需要用到量子力學裡叫人眼花撩亂的微分方程。所以我想出來了一個描述量子力學原理的辦法，學生不必先懂得微分方程式，就可以開始學習量子力學。

即使對物理學家來說，這樣把量子力學倒過來講，也是很有趣的挑戰。其中原委，讀者只需看過演講內容便不難明白。不過我認爲這樣子教導量子力學的新嘗試並不是很圓滿，主要是因爲最後沒有足夠的時間，因而只得把能帶（energy band）和機率幅在空間中的變化等一些重要東西，匆匆一筆帶過，我應該多花三、四節課來討論這些東西。此外，由於我以前從未用過這種方式講解量子力學，使得缺乏教學互動的缺陷更加嚴重。現在我相信，量子力學還是讓同學晚些學比較妥善。如果將來有機會再來一次，我想我會改正過來。

至於書中沒有專門探討如何解題的演講，是因爲課程中本來就有演習課，雖然我的確在第一年課程裡用了三堂課來講解如何解題，但它們沒有被錄進書內。另外還有一堂課談到慣性導引，照理應該是放在旋轉系統那一講的後面，卻不幸被遺漏掉了。* 又書中的第15、16兩章，因爲那幾天碰巧我有事外出，事實上是由我的同事山德士代的課。

期待教學相長

當然，大家都想知道這場試驗的結果，成敗究竟如何。依我個人的看法，可說是相當悲觀，雖然多數與學生有接觸的同仁並不同意這樣的看法。我認爲就學生的觀點看，我並不是太成功。當我看到大多數同學考卷上的答案，我想整個系統是失敗了。

當然，我的朋友指出了，學生當中有十幾二十個人，居然能瞭解全部演講裡面幾乎所有的內容。這些同學非常起勁的學習，而且能夠興致勃勃的思考很多細節。我相信這些人目前已經具備第一流的物理知識背景，而他們正是我原先心目中最想要教導的對象。但是話得說回來，歷史學家吉本（Edward Gibbon, 1737-1794）說過：「除了在特殊的情況下，教學大致是沒有什麼效果的，而在那些有效果的愉快場合中，教學幾乎是多餘的。」

* 中文版注：這幾堂課請參閱《費曼物理學訣竅：費曼物理學講義解題附錄》，天下文化出版。

無論如何，我絕無意思要放棄任何學生，不過結果可能未如理想。我認爲有個可行的辦法可以多幫忙一些同學，那就是再多下點功夫，製作出一套習題來，希望藉以把演講中的觀念闡明得更明白。習題往往能彌補演講素材的不足，可讓物理觀念變得更貼切、更完整、更能深入腦海。

不過我想，教育問題只有一個解決辦法，就是認清只有當學生與好老師之間存在著直接的關係之下，老師才可能把課教好，在這種情況之下，學生可以和老師討論想法，思考事情，以及談論所學。光是到教室聽講，甚至只是把老師指派的習題都做過一遍，學習效率仍不會非常理想。但是現今學生人數太多，我們必須找出能替代理想方式的法子。

也許，我的這些演講能夠有些貢獻。也許，在世上某個角落，仍有一些個別的老師與學生，他們可以從這些演講中得到某些靈感或是想法。或許他們在思考這些觀念時，能獲得一些樂趣，甚至能進一步發展書中的一些想法。

理查・費曼（Richard P. Feynman）

1963年6月

閱讀筆記

The Feynman

閱讀筆記

The Feynman

科學文化 BCS208B

費曼的6堂Easy相對論

Six Not-So-Easy Pieces: Einstein's Relativity, Symmetry, and Space-Time

國家圖書館出版品預行編目(CIP)資料

費曼的6堂Easy相對論/費曼(Richard P. Feynman)作；師明睿譯. -- 第二版. -- 臺北市：遠見天下文化, 2013.08
面；　公分. -- (科學文化；CS208)
譯自：Six not-so-easy pieces：Einstein's relativity, symmetry, and space-time
ISBN 978-986-320-265-3(精裝)

1.相對論

331.2　　102016119

作者 — 費曼（Richard P. Feynman）
譯者 — 師明睿
審訂 — 高涌泉
策畫群 — 林和（總策畫）、牟中原、李國偉、周成功
總編輯 — 吳佩穎
編輯顧問暨責任編輯 — 林榮崧
責任編輯 — 張孟媛、徐仕美
封面設計暨美術編輯 — 江儀玲

出版者 — 遠見天下文化出版股份有限公司
創辦人 — 高希均、王力行
遠見・天下文化 事業群榮譽董事長 — 高希均
遠見・天下文化 事業群董事長 — 王力行
天下文化社長 — 王力行
天下文化總經理 — 鄧瑋羚
國際事務開發部兼版權中心總監 — 潘欣
法律顧問 — 理律法律事務所陳長文律師
著作權顧問 — 魏啟翔律師
地址 — 台北市 104 松江路 93 巷 1 號 2 樓

讀者服務專線 — 02-2662-0012 ｜ 傳真 — 02-2662-0007, 02-2662-0009
電子郵件信箱 — cwpc@cwgv.com.tw
直接郵撥帳號 — 1326703-6 號　遠見天下文化出版股份有限公司

排版廠 — 極翔企業有限公司
製版廠 — 東豪印刷事業有限公司
印刷廠 — 中原造像股份有限公司
裝訂廠 — 中原造像股份有限公司
登記證 — 局版台業字第 2517 號
總經銷 — 大和書報圖書股份有限公司　電話／(02)8990-2588
出版日期 — 2001 年 5 月 5 日第一版第 1 次印行
　　　　　2024 年 5 月 17 日第四版第 1 次印行

定價 — 380 元
條碼 — 4713510944592
書號 — BCS208B
天下文化官網 — bookzone.cwgv.com.tw

天下文化

BELIEVE IN READING